아파트
담장 넘어
도망친
도시생활자

아파트 담장 넘어 도망친 도시생활자
도심 속 다른 집, 다른 삶 짓기

ⓒ 한은화, 2022. Printed in Seoul, Korea

초판 1쇄 찍은날	2022년 3월 14일
초판 1쇄 펴낸날	2022년 3월 23일
지은이	한은화
펴낸이	한성봉
편집	최창문·이종석·강지유·조연주·조상희·오시경·이동현
콘텐츠제작	안상준
디자인	정명희
마케팅	박신용·오주형·강은혜·박민지
경영지원	국지연·강지선
펴낸곳	도서출판 동아시아
등록	1998년 3월 5일 제1998-000243호
주소	서울시 중구 퇴계로30길 15-8 [필동1가] 무석빌딩 2층
페이스북	www.facebook.com/dongasiabooks
전자우편	dongasiabook@naver.com
블로그	blog.naver.com/dongasiabook
인스타그램	www.instargram.com/dongasiabook
전화	02) 757-9724, 5
팩스	02) 757-9726

ISBN   978-89-6262-419-9 03540

만든 사람들

책임편집	조연주
책임디자인	정명희
크로스교열	안상준
본문교정	오효순
일러스트	최지수
본문디자인	박진영

아파트 담장 넘어 도망친 도시생활자

**도심 속
다른 집,
다른 삶 짓기**

한은화 지음

아파트 시대의
이상한 주거 르포르타주

서울에서 가장 오래된 골목길이 있는 종로구 체부동에 한옥을 짓고 산 지 2년째다. 가족 구성원은 최진택과 한은화. 10년 차 연인이고, 법적으로 동거인이다. 마당 있는 집을 찾다 어쩌다 한옥을 짓고 산다. 부부도 아닌, 여자친구와 남자친구가 집을 짓는다고 하니 주변으로부터 언제 결혼하느냐는 질문을 꽤 받았다. 그때마다 우리는 결혼식장(집)을 짓고 있다고 답해왔다. 집에서 결혼할 생각이었는데 식장은 완공됐고, 그곳에서 우리는 함께 살고 있으며 여전히 결혼에 게으르다.

확고한 취향을 가지고 한옥 짓기에 나선 것은 아니었다. 서울살이를 하며 원룸 또는 투룸을 전전하며 살던 우리는 문 열면 방만 있는 집이 아니라, 집 안에도 바깥 공간 한 평이 있는 집에서 살고 싶어졌다. 좋은 날 하늘 보며 바람 쐬며 볕 쐬며 맥주 한잔할 수 있는 테라스나 마당이 있는 집에서 살면 얼마나 좋을까. 아파트의 방을 하나 터서 테라스를 만들 수 있다면 좋을 텐데. 하지만 베란다마저 확장해 버리는 대한민국의 평균 삶터 아파트에서 이런 소수 의견은 반영될 수 없다. 결국 2016년 당시 4년 지기 연인은 의기투합해 서울에서 주택 찾기에 뛰어들었고, 1년 반의 부동산 중개사무소 투어 끝에 지붕이 무너져 내린 서촌의 한옥 한 채를 샀다.

다시 말해 한옥살이 로망은 전혀 없었다. 우리에게 한옥은 그저 마당 품은 집이었다. 서촌의 우리 동네는 한옥보존지역으로 묶인 터라 갑자기 옆에 5층 빌라가 들어설 걱정은 하지 않아도 됐다. 한옥만 지어야 하니 누가 우리 집 마당을 빤히 내려다볼까 걱정하지 않아도 됐다. 게다가 아파트로 재개발할 수 있는 개발 호재조차 없는 동네이니 상대적으로 집값이 저렴했다. 흔히 집을 살 때 피해야 하는 조건이 우리에게는 합격 조건이 된 셈이다.

폐가를 덜컥 샀으니 수습해야 했다. 우리는 살림을 합치기 전에 돈부터 합쳤다. 돈 관계가 얽히니 오래된 연인은 자연스레 부부가 되기로 했다. 그런데 집을 지으려니 결혼식을 올리기 위한 돈이 없었다. 그래서 다 지은 집에서 결혼을 하기로 결심했다. 집 짓기는 졸지에 결혼식장 짓기 프로젝트가 됐다.

우리가 지은 한옥에서 결혼하는 이 낭만적인 이야기의 실체는 정글 탐험기다. 서울에서 집 짓기, 더 나아가 한옥 짓기는 녹록하지 않다. "한옥을 짓지 말라"라고 온 우주가 말리는 듯한 경험을 했다. 한옥은 21세기 규제에 갇혀 조선시대로 회귀해야 하는 집이었다. 인허가를 거치면서 양옥에서 가능한 것들이 한옥에서는 죄다 가능하지 않은 것으로 바뀌었다. 한옥은 집주인의 개성을 드러내거나 현대의 자재와 공법을 반영하기 어려운 집이었다. 가가호호 집주인은 분명 다른데 한옥이 다 엇비슷하게 생긴 이유다. 전통을 위해 민속촌을 만드는 것이 한옥 정책의 현주소다.

무엇보다 집 짓기에 나서면서 아파트 벽에 쓰인 'Made In 자이'가 얼마나 잘 다듬어진 세상인지 절절히 알게 됐다. 우리는 하지 않아도 됐을 싸움판을 만들어 스스로 뛰어들었다. 아파트만 좋은 집이냐? 우리는 더 나은 삶터를 개척할 수 있어! 자신만만하게 싸움판에 뛰어들었지만 우리의 레벨을 바로 깨달았다. 우리는 날달걀이었다. 본격적인 싸움을 시작하기도 전에 판판이 깨졌다. 그나마 위로가 되는 건 이 싸움판에서는 너나없이 날달걀이 될 수밖에 없다는 것이었다.

아파트가 대한민국의 평균적인 삶터로 자리매김하는 동안 아파트 밖 동네는 방치됐다. 어렵게 어렵게 내 집을 새로 지을 수 있어도 낙후한 동네 인프라를 바꾸긴 힘들었다. 단지 안의 안락한 생활은 집단으로 뭉친 개인들이 투자한 결과였고, 단지 밖의 험난한 삶은 집단이 되지 못한 개인들이 발버둥 치다 포기한 결과였다.

스웨덴의 작가 요나스 요나손의 소설『창문 넘어 도망친 100세 노인』의 제목에 빗대어 보자면 나와 진택은 아파트 담장을 넘어 도망친 40대 커플이다. 아파트 담장 안에서, 한국이 반세기 넘게 구축해 온 삶터 안에서 우리는 아마 20평대에서 30평대로, 30평대에서 40평대로 오로지 더 넓은 집으로 옮기려 노력했을 것이다. 이러한 삶의 궤도에서 성공한 삶이란 40평대 역세권 대단지의 신축 아파트에서 사는 것이려나. 아파트 옥상에는 인피니티 풀이 있고, 한강이 보이는 입주민 전용 라운지에서 차 한잔 마시는 삶을 살고 있을지도 모른다.

하지만 소설의 주인공인 알란이 열린 창문을 사뿐히 넘었듯, 우리는 아파트 담장을 살짝 넘어 서울의 오래된 동네로 왔고 예상치도 못한 시끌벅적한 일들을 겪었다. 긍정적인 사고를 최대한 발휘해 폭발하듯 터지는 문제를 수없이 해결한 끝에 마침내 한옥을 지었고, 한옥에서 살고 있다. 우리는 이곳에서 새로운 삶의 궤도를 익혀가고 있는 중이다.

한옥살이를 예찬하거나, 불편한 것을 낭만으로 포장하고 싶지 않다. 진택과 나는 '프로 불편러'로 단지 밖에서의 삶에 대해 늘 투쟁하고 있으며 이 삶을 위해 포기한 것도 많다. 그럼에도 아파트가 아닌 다른 집에서 사는 것을 더는 꿈꾸지 못하는 시대가 된 것 같아 안타깝다. 아파트값이 다락처럼 오른 지금은 신축 아파트에서 사는 삶이야말로 제대로 된 꿈이라고 평가받는다. 하지만 결혼도 하지 않고 함께 살고 있는 우리는 아무래도 삐딱한 사람들인 모양이다. 기어이 맞춤형으로 지은 집에서 살고 있는 우리는 여전히 소망한다.

'부디 아파트만 있는 세상이 오지 않게 해주세요.'

반세기 넘게 구축되어 온 아파트 중심의 도시가 불편하다면, 모두 똑같이 생긴 공간에서 살며 서로 비교하고 돈으로 평가하는 삶터가 피로하다면, 이러저러한 이유로 우리처럼 아파트 담장을 넘고 싶은 사람들이 있다면, 그들에게 좀 더 다양한 선택지와 다듬어진 길이 보였으면 하는 바람이다. 집값만으로 승자와 패자를 가르는 계산법은 너무 많은 사람을 불행하게 만든다. 개인들의 삶과 취향을 중심에 놓고 선택할 수 있는 집의 선택지가 다양해진다면 어떨까.

미국 건축가 루이스 칸은 "건물을 만드는 것은 인생을 만드는 것"이라고 했다. 공간은 사람들에게 엄청난 영향을 미친다. 그렇다면 표준화된 방 개수와 매매 가격만 따지는 아파트는 사람들에게 어떤 영향을 미치고 있을까. 획일화된 아파트 대신 너다운 집과 나다운 집이 많아진다면, 우리가 너무 쉽게 비교하고 평가하고 좌절하는 삶에서 조금이나마 벗어날 수 있지 않을까.

낭만적일 것만 같던 우리의 집 짓기 여정은 어느 순간부터 아파트 시대의 이상한 주거 르포르타주가 되어버렸다. 이 이야기가 당신의 집과 당신의 인생에 조그마한 변화를 가져다줄 수 있다면, 더 나아가 아파트 단지 밖 삶터에도 볕 드는 계기가 된다면 행복하겠다.

　이제 아파트 담장 밖으로, 집을 지으러 출발해 보자.

차례

**1장
어쩌다
한옥**

부동산이 아닌 공간으로,
잃어버린 내 삶을 찾아서

**2장
오래된 동네의
비밀**

아파트 밖에서 마주한
재개발과 재생의 민낯들

3장
집이 나에게
물었다

공간의 치수를 정하고
삶의 테두리를 정리하기

4장
단지 밖은
정글이다

전통이라는 이름 아래
한옥을 박제해 두는
정부를 고발합니다

5장
드디어
짓다

끝날 때까지 끝나지 않은,
파란만장 좌충우돌 집 짓기 여정

6장
기어이
살다

나의 집, 나의 삶, 나의 생태계

에필로그:
세 가지가 없는 집

1장
어쩌다
한옥

부동산이 아닌 공간으로,
잃어버린 내 삶을
찾아서

쾌적한
집콕을 위하여

우리의 평범한 생활에 균열이 온 것은 6년 전이었다. 2016년 진택은 서울 마포구 성산동의 원룸 오피스텔에, 나는 연남동의 투룸 다가구주택에 살고 있었다. 그해 5월 연남동에는 큰 사건이 있었다. 경의선 옛 철길이 기나긴 공사 끝에 숲길이 된 것이다. 문을 열자마자 숲길에는 뉴욕 센트럴파크를 본뜬 '연트럴파크'라는 별칭이 생겼다. 도심 한복판에서 보기 드문 공원이 새롭게 만들어져서다.

오랫동안 동네 한복판에 공사 가림막으로 가려져 있던 공원이 문을 열자, 인근에 사는 우리의 삶이 달라졌다. 나무와 풀만 있는, 도심의 빈 곳이 주는 개방감은 상당했다. 우리는 하늘을 볼 수 있는 공원으로 매일매일 나갔다. 이른바 '공원 생활자'가 됐다. 이 시기 퇴근이라 함은 공원에 돗자리를 펼치고 눕는 것이었다. 친구들도 돗자리에서 만났다. "홍대입구역 3번 출구로 나와서 쭉 내려오면 분수가 있거든? 거기 지나서 코오롱아파트 옆 넓은 잔디밭으로 와." 연트럴파크의 잔디밭이 당시 우리의 퇴근지였다.

밖에서 놀려면 부지런해야 한다. 공원 생활자가 되려면 일단 짐부터 싸야 했다. 돗자리, 캠핑 의자, 맥주, 안주용 주전부리, 책 또는 아이패드…. 화장실이 가장 문제였다. 집이 비교적 가까이에 있지만, 오가는 것도 일이었다. 처음에는 한산했지만, 입소문이 나면서 사람들이 공원으로 몰리기 시작했다. 떠들썩하게 노는 사람들이 많아지자 공원 돗자리족을 향한 시선도 날카로워졌다. 거주민을 위해 조용히 해달라는 플래카드가 붙여질 무렵, 우리의 연트럴파크행도 뜸해졌다. 대신 자전거를 타고 좀 더 먼 상암동 월드컵공원으로 향했다. 연트럴파크보다 공원은 컸지만, 멀어서 번거로웠고 생활로 자리 잡긴 어려웠다.

그러나 판도라의 상자는 열렸다. 우리는 공원의 맛을 알아버렸다. 집밥처럼 질리지 않고 건강했다. 도시의 삶이란 모름지기 아파트 앞 동만 바라보고 살아야 하는 건 줄 알았는데 아니었다. 연트럴파크는 바깥 공간의 소중함을 알려줬고 계절의 변화를 느끼게 했다. 주거 욕망의 트리거가 됐다. 외기를 쐴 수 있는 바깥 공간이 있는 집에 살면 얼마나 좋을까. 방 개수를 줄이더라도 넓은 발코니나 마당이 있다면 정말 좋을 텐데. 짐을 바리바리 싸서 다닐 것도 없이 날이 좋든 안 좋든 집에서 쭉 놀 수 있으니 얼마나 편할까. 집 밖은 아무튼 피곤하다고!

진택은 지금은 없어진 지명인 삼천포(현재 사천)가 고향이며, 나는 부산 출신이다. 우리는 대학 입학과 동시에 서울살이를 시작했고, 대다수의 평범한 이들처럼 방에서만 살아왔다. 문 열면 내부가 훤히 보이는 그런 방만 있는 집. 살림살이가 더 나아져 아파트에 산다 해도 마찬가지였다. 더는 아파트에 우리가 원하는 야외 공간, 발코니가 없다. 발코니를 확장해 모두 실내 공간으로 쓰기에 아파트는 그저 여러 방의 집합체가 됐다. 아파트도 그러한데 임대 면적으로, 문고리 개수로 임대료가 바로 계산되는 다가구주택에서 돈 안 되는 테라스를 넓게 만들 리가 없다.

센트럴파크는 이렇게 우리의 일상에 균열을 냈다. 우리는 집 안인데 방 밖이면서 야외 공간이 있는 그런 집에서 살고 싶어졌다. 아파트는 우리가 원하는 조건을 충족하지 못했다. 그래서 그런 집을 찾아보기로 했다. 이른바 집돌이와 집순이의 쾌적한 집콕 프로젝트의 시작이다. 그런데 바야흐로 4년 뒤인 2020년, 신종 코로나 바이러스 감염증이 창궐하는 팬데믹 시대가 와버렸다. 기호와 취향과 관계없이 전 국민이 '집콕'해야 하는 시대다. 집은 이대로 괜찮을까.

2020년 9월 첫째 주 주말 메인 뉴스는 금요일의 한강공원이었다. 불금에 목마른 청춘들이 한강공원으로 몰려들었다는 이야기였다. 불금과 청춘과 한강, 별스럽지 않은 조합인데 뉴스거리가 됐다. 더욱이 그날의 날씨는 서울 평균기온 24도의 맑음. 두 달여의 긴 장마에 이어 9호 태풍 '마이삭'이 지나갔고, 10호 태풍 '하이선'이 멀리서 다가오고 있었다. 오랜만에 묵은 습기를 털어낼 수 있는 찰나의 날씨였다. 바야흐로 밖에서 놀기 좋은 초가을 날씨에 한강공원행, 뭣이 문제란 말인가.

하지만 그날은 정부가 사회적 거리두기 2.5단계를 일주일 연장하기로 결정한 날이었다. 팬데믹으로 봄에 이어 가을 2차 대유행이 우려되는 때였다. 오후 9시 이후로 식당과 주점의 영업이 아예 금지됐다. 프랜차이즈 카페에서 음식물 섭취가 금지되고 테이크아웃만 할 수 있게 됐다. 스타벅스에서는 테이블이 짐짝처럼 한쪽에 치워졌다. 정부는 "가급적 집에 있어 달라"라고 연거푸 당부했다.

태풍은 지나갈 테고 좋은 날은 또 온다. 위험한 시기인 만큼 정부의 당부대로 집에만 있으면 될 터다. 그런데 그 '집'이 문제였다. 만약 집이 오래 머물기 힘들 만큼 쾌적하지 않다면 어떻게 될까. 사회적 거리두기가 하루 이틀 정도가 아니라 수개월 동안 이어지고 있는 상황이다.

통계청 조사에 따르면 2020년 일반가구 기준 우리나라 2,092만 6,710가구 중 아파트에 사는 가구는 51.5퍼센트,

1,078만 401가구다. 즉 두 집 중 한 집이 아파트에 산다. 연립주택과 다세대주택을 합쳐 집합주택에 사는 비율이 62.9퍼센트(1,316만 7,389가구)에 달한다. 열 집 중 여섯 집이 집합해서 사는 것이다. 나머지 단독주택(30.4퍼센트)으로 분류되는 집 중에는 주인은 한 명이지만 여러 가구가 모여 사는 다가구주택도 있다. 원룸도 다가구에 속하니 이렇게 따지면 사실상 집합해서 사는 집은 더 많아진다.

그런데 아파트는 오래 머물 수 있는 집인 걸까. 코로나 사태로 집에 갇힌 세계인이 '발코니 합창'으로 연대할 때 한국에서는 동참할 수 없었다. 발코니가 없어서다. 2005년 발코니 확장이 합법화된 이후 아파트의 발코니가 사라졌다. 그 전까지 발코니 확장은 불법이라 걸리면 과태료를 내야 했다. 하지만 더 넓은 실내 공간을 원하는 사적 욕망이 너무나 커져서 공공에서 이를 일일이 단속하기 어려웠다. 모두가 불법행위를 할 때 더는 불법이라고 명명하기 어려워진다. 정부는 결국 발코니 확장을 합법화한다. 발코니를 확장해서 방처럼 써도 되니, 아예 처음부터 확장을 염두에 두고 방이 배치됐다. 예전과 같은 평형이더라도 방 개수는 늘었고, 발코니 확장을 안 하면서서 자야 하는 방들이 만들어졌다. 집에서 가장 중요한 것은 면적이었고, 이는 곧 돈이기도 했다.

하지만 얻는 게 있으면 잃는 것도 있게 마련이다. 사람들은 바깥 공기를 쐬고 볕을 쬘 수 있는 중간 지대인 발코니를 잃었다. 팬데믹 시대는 이런 한국인의 삶터에 균열을 냈다. 집에만 머물러야 한다. 2.3미터 천장고의 발코니 없는 방에 갇힌 것이다. 아파트든 빌라든 원룸이든 간에 상황은 비슷하다. 면적의 차이일 뿐 모두 방의 집합체가 아닌가.

어찌 보면 한국인의 유별난 카페 사랑도 결국 집에서 파생된 공간 문화다. 한국인은 공간을 소비하기 위해 카페로 간다. 카페는 이른바 '공유형 거실'이자 '모두의 거실'로 기능한다. 방의 집합체인 집과 달리 카페는 답답하지 않은 공간이다. 상업 공간이라 천장고가 높고, 통창도 많아 바깥 풍경을 감상할 수 있으며, 식물도 많다. 볕 좋은 날에는 테라스가 있는 카페가 인기다. 선글라스를 끼고 앉아 날씨를 즐길 수도 있다. 하지만 팬데믹 시대에는 함께 쓰는 카페가 위험해졌다. 집이 갑갑해지면 카페에 가던 한국인의 생활 패턴에 금이 가기 시작한 것이다.

그래서 사람들은 한강공원에 텐트를 치고 돗자리를 펼쳤다. 사회적 거리두기 2.5단계 경보가 울리는 9월 첫째 주 금요일, 한강공원에 사람들이 쏟아져 나왔다. 결국 삶과 더불어 공간도 외주를 주던 시대에 철퇴가 내려졌다. 팬데믹 시대를 맞아 집의 역할과 기능에 대해 더 적극적으로 질문해야 한다. 발코니 없이 마냥 넓기만 한 집이 필요할까? 방만 많다고 좋을까? 아파트는 정말 좋은 집일까?

밀알학교, 서울시청 신청사를 설계한 유걸 건축가의 인터뷰 기사를 읽다가 이 질문에 대한 답을 찾게 됐다.

"모든 사람에게는 꿈이 있어요. 의사가 병을 찾듯이 건축가는 사람들의 꿈을 찾아 구현합니다. 내가 볼 땐 사람들이 그 꿈을 접고 사는 것 같아요. 하꼬방(판잣집)처럼 작아도 자기의 꿈이 구현된 집이라면 아름답습니다. 돈이 많아도 가난하게 사는 부자들이 우리 사회에는 많아요."

우리에겐 돈이 많지 않지만, 나와 진택은 하꼬방이라도 우리 삶에 맞춘 집에 살길 원했다. 아파트를 옮겨 다니며 가난하게 사는 부자가 되고 싶지 않았다. 연트럴파크 개장과 더불어 알아버린 '공원의 맛', '해와 바람의 맛'이 방만 있는 아파트에 물음표를 던지게 했다. 우리가 원하는 삶을 아파트에서 살 수 있을까. 공원을 찾아, 바깥 공간을 찾아 돌아다니지 않아도 되는 집은 없을까. 그렇게 당시 4년 차 커플의 주말 복덕방 투어가 시작됐다. 대단지 아파트가 아니라 도심의 작은 땅을 찾는 여정의 서막이 올랐다.

우리의 삶은
평당 얼마짜리일까

일본의 '도쿄R부동산'은 라이프스타일을 중개하는 독특한 공인중개사무소(이하 중개사무소)다. 2003년 온라인을 기반으로 창업한 이곳은 누구나 좋아하는 새집 대신 헌 집을 중개한다. '헌 집을 누가 좋아해?' 갸우뚱할 수 있겠지만 나름의 경쟁력이 있다. 옛 공간에 쌓인 시간과 매력을 발굴해 소개한다. 이들의 중개로 헌 집을 리모델링해 멋지게 사는 사람들의 이야기를 담은 책 『당신의 라이프스타일을 중개합니다』를 살펴보면 매물 중개 글부터 남다르다. 서퍼를 위한 파도타기 연립주택, 따끈따끈 햇빛 드는 집, 푸르른 자연에 둘러싸인 집…. 서울R부동산이 있다면 당장 달려가고 싶어졌다. 부자들만 집을 살 수 있는 것이 아니고, 집의 종류란 한정적이지 않으며, 집을 살 때 여러 길과 다양한 아이디어가 존재한다고 강조하는 중개사무소라니. 우리한테 안성맞춤인 곳이다. "테라스가 넓든 마당이 있든 여하튼 바깥 공간과 잘 연결돼 갑갑하지 않은 집을 찾고 있어요"라고 말하면 소개해 줄 것 아닌가.

하지만 이것은 한국 부동산 시장의 화법이 아니다. 중개사무소에 가면 바로 알게 된다. 한국 부동산은 아파트와 빌라, 단독주택 세 가지를 면적과 가격으로만 이야기한다. 더 추가하자면 '뷰' 정도일까. 우리가 처음 방문한 중개사무소는 서울 신수동, 서강대학교 옆 경의선 숲길 인근에 있었다. 서울살이를 위한 셋집만 알아보다 뿌리내릴 수 있는 집을 찾기 위한 첫 방문이었지만, 당시 살고 있던 연남동에서 멀리 가지 못했다. 발걸음만큼 입도 안 떨어지고 떨렸다.

"집 지을 수 있는 뜨, 따, 땅이나 고쳐 살 만한 집 있을까요? 30평 정도….."

말을 더듬다 주눅이 들어 제대로 끝맺지도 못했다. 송해 할아버지를 언뜻 닮기도 한 중개사무소 주인장은 이런 우리를 아래위로 슥 훑어보더니 딱 잘라 물었다. "얼마 갖고 있어?"

얼마 있냐고? 진택과 나는 순간 은행과 증권 계좌에 돈이 얼마 있는지부터 떠올렸다. 하지만 이 '얼마'는 통장에서 바로 꺼내서 쓸 수 있는 얼마가 아니었다. 갖고 있는 자산뿐 아니라 빌릴 수 있는 모든 돈을 일컫는다는 것을 나중에야 알았다. 당황해 쭈뼛거리는 우리에게 낯선 언어가 속사포처럼 쏟아졌다.

"공원 바로 옆은 평당 5,000만 원, 호가가 그렇고. 저기 골목길 하숙집 건물은 평당 3,000만 원, 길 건너 세무서 안쪽 골목길은 2,500만 원 정도. 올 초까지만 해도 2,000만 원 매물이 꽤 있었는데 이제 없어. 돈이 가치가 없잖아. 젊은 사람들이 열심히 직장 다녀봤자 뭐해. 딱한 시대야. 그러니까 지금이라도 얼른 사."

그러니까 우리가 준비해 간 것은 구구절절한 삶의 가치였는데, 그 가치를 담을 수 있는 집이 필요하다는 이야기였는데, 필요한 것은 딱 하나, 계산기였다.

단독주택은 아파트보다 사기 어렵다. 매물도 적을뿐더러 정보가 부족하다. 아파트는 어느 단지 몇 동 몇 호인지만 알면 집을 안 보고도 살 수 있다지만, 단독주택은 가가호호 조건과 상태가 천차만별이다. 집이 어떤 길을 끼고 있는지, 주변 집이 어떤 상태인지도 가격에 영향을 미친다. 무엇보다 대출받기 어렵다. 집을 100퍼센트 현금으로 살 수 있는 사람이 몇이나 될까. 대부분 대출을 받기 마련이다. 아파트의 경우 은행에 문의하면 집을 담보로 대출받을 수 있는 돈이 얼마인지 바로 나온다. KB부동산 시세가 기준이 된다. 이 시세에 정부가 정한 담보대출비율Loan to Value Ratio, LTV을 따진다. 투기과열지구인 서울은 집값이 9억 원 이하일 경우 LTV 40퍼센트를 적용받는다. 즉, 시세 8억짜리 아파트라면 40퍼센트인 3억 2,000만 원을 대출받을 수 있다.

하지만 단독주택은 바로 알 수 있는 시세가 없다. 감정평가사가 현장에 출동하는 감정평가 과정을 따로 거쳐야 한다. 여기에 LTV 40퍼센트를 적용받는데 아파트와 달리 대출금이 더 깎인다. 일명 '방 공제'가 추가되기 때문이다. 방 공제는 그야말로 방을 값으로 매겨 제외하는 것으로, 단독주택의 방 개수에 각 지자체가 정한 필수 의무 보증금액을 곱해 대출 가능한 금액에서 뺀다. 예를 들어 서울의 방 세 개짜리 단독주택을 담보로 대출받을 때는 방 하나당 보증금 4,000만 원으로 계산해 감정평가를 토대로 나온 대출금에서 총 1억 2,000만 원을 제외하고 빌려준다.

단독주택의 방 한 칸은 언제든 셋방으로 임대할 수 있다는 전제하에 만들어진 계산법이다. 과거 주택난이 심각했을 때 이런 '방 쪼개기'가 성행한 탓이다. 은행에서는 리스크 관리 차원임을 강조한다. 반면 아파트의 경우 방 공제를 방 한 개에만 적용하거나 보증보험을 받는 경우 아예 적용하지 않는다. 누가 아파트 방 하나만 세를 주느냐는 게 일반적인 시각이다. 이에 비하면 단독주택은 대출받기 까다롭고, 대출금도 적다. 한마디로 상품성이 떨어진다.

중개사무소에서 입도 잘 못 떼는 부동산 초보들이 하필 찾아 나선 것이 난도 높은 단독주택이었다. 우리는 당시 4년 차 연인이었다. 지방 출신에 서울에서 이제 자리 잡고 생활하는

30대 직장인인지라 예산도 넉넉하지 못했다. 계산기를 두드려 보니 우리가 살 수 있겠다 싶은 땅이나 집의 윤곽이 얼추 나왔다. 우리는 새집보다 좀 더 싼 헌 집, 큰 땅보다 작은 땅을 찾아야 했다. 이런 땅을 찾으러 강북 전역을 주말마다 돌아다녔다. 데이트를 겸한 동네 산책이라고 생각하기로 했다. 연남동, 성산동, 합정동, 망원동, 신수동, 용강동, 대흥동, 아현동, 남가좌동, 공덕동, 효창동, 필동, 창신동, 숭인동, 성북동, 혜화동, 삼선동, 장충동, 후암동, 한남동, 보광동, 평창동, 부암동, 구기동, 가회동, 청운효자동…. 2017년 10월 지금의 집터를 만나기까지 1년 넘게 우리는 주말마다 추리닝을 입고 걷고 또 걸었다.

우리가 보러 다닌 곳은 이른바 늙은 삶터였다. 아파트 단지로 재개발되지 않고, 단독주택이 남아 있는 오래된 동네들. 지금은 거대한 아파트 단지가 되어버린 허물기 직전의 아현역 일대 모습이나, 재개발 반대를 뜻하는 빨간 깃발을 집에 매달아 둔 남가좌동의 모습을 우리가 사진으로 담게 된 것은 모두 이 부동산 투어 덕이었다.

하지만 그렇게 둘러본 늙은 삶터는 늘 시한부 인생을 살고 있었다. 관통하는 이슈는 두 가지, 재개발 또는 재생이었다. 비슷해 보이지만 다르고, 도시의 생명을 연장한다는 점에서 어찌 보면 같다. 허물고 아파트를 새로 짓거나(재개발), 허물지 않고 리모델링하는(재생) 식이다. 여기서 재생은 공공에서 주도한 '벽화 칠하기' 재생이 아닌, 상권이 개발되면서 민간에서 주도한 동네 리모델링을 뜻한다.

아파트 재개발을 앞두고 있는 동네는 손대지 않아 정말 낙후됐고, 재생의 현장에는 저렴한 임대료를 쫓아온 젊은이를 따라 자본도 몰려들었다. 몰려든 돈이 건물을 마구 매입해 임대용으로 리모델링하는 통에 동네 풍경은 결국 특색 없이 똑같아졌다. 골목 안 다가구주택을 리모델링하는 공식은 엇비슷하다. 벽을 허물고 창을 크게 내고, 내부에 있던 계단은 건물 밖으로 빼내고, 일조권 사선 제한이 허락하는 한 건물에 뿔이 솟은 듯 한 층 더 올려 확장한다. 그렇게 홍익대학교 정문 앞, 연남동, 망원동 등의 동네 풍경이 똑같아지기 시작했다. 주택가 골목길을 따라 보석처럼 숨어 있는 가게를 찾아가는 재미로 다녔던 동네들이 임대를 위한 상가 동네로, 똑같은 모습으로 변하기 시작했다.

당시 망원동에도 그런 열풍이 불고 있었다. 망원동은 연남동과 서교동 옆, 마지막 남은 홍대 상권이었다. 경리단길을 선두로 서울에 '~리단길' 열풍이 막 불기 시작할 때였다. 망원동의 길을 따라 '망리단길'이라는 상권이 만들어졌다. 기존 홍대 상권에서 밀려나 좀 더 저렴한 임대료를 찾아온 공방 작가들, 젊은 요리사들과 카페 창업가들이 깃들었고, SNS를 통해 알음알음 사람들이 찾아들기 시작했다. 망원동에 있는 한 숭개사무소를 들렀을 때, 주인장은 우리에게 "강남의 부동산에서 버스를 대절해 사람들을 끌고 와 매물을 보고 간다"라며 혀를 찼다. 동네 토박이 중개사무소의 매물을 강남에서 다 빼앗아 간다는 한탄이었다. 그런 강남 중개사무소들은 낡은 다가구주택 매입을 알선하고, 임대 공간으로 개조해 다시 세를 놓는 것까지 이른바 '원스톱 서비스'를 한다고 했다. 모두 엇비슷한 상업 공간으로 바뀌는 이유였다.

망원동에서 갑갑하지 않은 삶터를 찾으려는 우리의 행보는 흔들렸다. 어찌 됐든 모두가 돈 버는 터를 찾고 있지 않은가. 아파트로 재개발될 때 입주권을 얻을 수 있는 지분이나, 리모델링해서 임대료를 톡톡히 받을 수 있는 다가구주택을 사는 것이 지극히 정상이었다. 아파트 단지 안이나 밖이나 집의 유형만 다를 뿐 목표는 모두 돈이었다. 우리도 어떻게든 다가구주택을 매입해 리모델링해서 아래층은 임대 주고, 꼭대기 층에는 우리가 사는 것이 옳은 길인 것 같았다.

하지만 이미 뜬 동네는 비쌌다. 아직 저렴하면서 곧 뜰 동네를 찾자니 너무 어려웠다. 내 발 뻗고 편히 잘 집 찾는 것도 어려운데 대중의 취향까지 저격해 장사 잘될 터를 찾아보자니 부동산 초보의 발은 부르트고 뇌가 터질 것만 같았다.

용산구 후암동은 길을 중심으로 재개발과 재생이 버무려진 독특한 동네다. 용산고등학교와 용산공원을 향해 뻗어 있는 후암로를 중심으로 서쪽은 재개발 이슈로, 동쪽은 재생 이슈로 떠들썩했다. 경사가 급격한 동쪽 동네의 경우 그 경사로 덕에 유명해졌다. 비탈길을 오르면 남산 순환로 아래, 탁 트인 도심 파노라마 뷰가 펼쳐졌다. 전쟁 이후 피난민들이 서울역 인근 이 골짜기로 몰려들어 '해방촌'이라 불리게 된 동네는 '루프탑 파티'라는 트렌드를 타고 유명해졌다. 정엽 카페, 노홍철 책방 등 연예인들이 낡은 건물을 사서 리모델링하며 또 한 번 유명세를 치렀다.

삼광초등학교가 있는 서쪽 후암동에는 평지가 꽤 있었다. 평평하고 반반한 동네는 수년 뒤 아파트 단지로 재개발될 예정이라고 했다. 안정적으로 살 만한 동네가 도무지 없어 답답했다. "이 좋은 땅에 왜 그런 아파트를 짓는 건가요?"

땅을 찾다 지친 우리의 철없는 넋두리에 인근 중개사무소 실장은 혀를 차며 말했다.

"용산공원 옆 신축 아파트가 얼마나 메리트 있는데요. 6억 7,000만 원에 나온 매물을 사면 14억 원은 기대할 수 있어요. 딸 명의로 사고 싶어 하던 여자분이 지금 대기하고 있다니까."

곧 14억 원이 된다는 6억 7,000만 원짜리 2층 주택은 재개발을 기다리며 마냥 살기엔 너무 낡았다. 동네 전체가 그랬다. 곧 갈아엎을 동네는 낡다 못해 서울에 있는 모든 잡신이 모여 살고 있을 것만 같은 아우라를 뿜었다. 갑갑하지 않은 삶터는 찾는 것부터 쉽지 않았다. '돈이 된다'라는 말에 솔깃하기도 했다. 우리는 동네 답사를 마치고 돌아오면 늘 맥주 한잔을 앞에 두고 늦도록, 늦도록 고민했다.

우리는 어떤 집에서 살고 싶은가.

돈을 벌기 원하는가.

로또에 당첨되길 원하는가.

오래 살길 원하는가.

진택과 나는 서로 묻고 계속 답했다. 갑갑하지 않게 살 수 있는 삶터를 찾아 떠났지만 실제로 마주한 현장은 언제나 우리의 필요와 동떨어져 있었다. 해답을 쥐고 출발했다고 생각했지만 현장을 보고 돌아오면 늘 흔들렸다. 우리는 혼란스러웠다. 사는buying 것인가, 사는living 곳인가. 실제 시장은 이렇게 확고한데, 시스템은 이렇게 만들어져 있는데 위정자들은 집은 사는 것이 아니라 사는 곳이라고 입으로만 이야기하니 우스웠다.

우리는 우리의 라이프스타일을 정착시킬 곳을 원했다. 삶도 찾고 돈도 버는 조화를 슬쩍 기대했지만 그건 욕심이었다. 계산기부터 두드려야 하는 셈법 앞에서 라이프스타일을 이야기하는 우리가 철부지 같기도 했다. 대체 우리의 라이프스타일은 평당 얼마짜리일까. 내 삶이 담길 터의 가치는 평당 얼마여야 합당할까. 이런 셈법이 있기나 할까.

어느 날 밤 우리는 결론을 내렸다.

"서울에서 시골을 찾자. 도시지만 아닌 듯한 동네. 치안과 교통이 좋고 산이 가까운 곳에 살자."

그렇다. 결국 돈보다 삶. 돈 벌 집보다 삶을 담을 집을 택하고 말았다.

◇ 합정동의 한 중개사무소를 들렀을 때의 일이다. 어린 꼬마 손님이 강아지를 데리고 있었다. 강아지의 간택을 받고자 귀여움을 떨며 '강아지화'되어 가는 나를 물끄러미 보던 사장님은 말했다.

"강아지 키울 생각 하지 말고, 애를 키워. 요즘 젊은 사람들은 애를 너무 안 낳아. 나라가 어떻게 되겠어."

집을 보러 갔다가, 사장님의 애국심과 더불어 흘러넘치는 오지랖 폭탄을 맞고 돌아왔다.

◇◇ 창신동의 한 중개사무소를 들렀을 때는 사주도 봤다. 동대문 패션 상가의 배후지, 봉제 골목이 생동하는 창신동을 들른 건 역시 늙은 삶터를 찾기 위해서였다. 단독주택이 남아 있고, 경사지 집들의 뷰도 제법 좋았다. 나는 동네 뷰에 빠졌지만 진택은 쉼 없이 오가는 오토바이 소리에 놀랐다. 더욱이 치안이 불안해 보인다고 고개를 저었다.

여하튼 당시 들렀던 중개사무소의 사장님은 우리에게 주택을 사서 리모델링한 다음 다중주택(취사 시설이 없는 원룸들로 쪼개져 있는 하숙집 형태)으로 허가를 받고 나서 원룸에 취사 시설을 넣어 세를 주라고 열심히 설명했다. 그렇게 하면 싸게 고쳐 임대료를 높게 받을 수 있다고 했다. 물론 횡행하는 불법이었다. 우리가 시큰둥하자, 사장님은 갑자기 태어난 연월일시를 물었다. 우리가 가게에 들른 시간을 세더니 이렇게 말했다.

"오시가 아니라 미시에만 가게 문턱을 넘었어도 됐을 텐데, 입장 시간을 보아하니 돈이 없어 한동안 집 못 사겠구먼."

물론 우리는 집을 샀고 새로 지었다. 중개사무소의 중개 없이 말이다.

어느 날 한옥이
내게로 왔다

집은 어느 날 우리에게 왔다. 마치 처음 만난 순간 이 사람과 결혼하겠구나 싶었다는 영화 대사 같아 정말 쓰고 싶지 않았지만, 사실이다. 서울에서 시골 찾기를 1년 넘게 했지만 마땅한 집을 찾을 수 없었다. 휴대전화 사진 폴더에 "서울에 많고 많은 집 중에 왜 우리 집은 없냐!"와 같은 타령을 얹은 술병 사진이 쭉쭉 늘던 어느 날이었다. 알고 지내던 목수에게 연락이 왔다. 우리가 '집 찾아 3만 리'를 꽤 오래 하고 있다는 걸 아는 이였다.

경복궁 서쪽 동네, 서촌에서 수리 의뢰가 들어온 집이 있는데 주인장이 팔고 싶어 한다고 했다. 대지 면적 81.4제곱미터,

건축면적 44제곱미터(13.3평)의 작은 한옥이었다. 그러니까 양옥 아닌 한옥. 정부 출연 연구기관인 건축공간연구원 국가한옥센터의 2016년 통계에 따르면 전국의 한옥 수는 18만 채다. 전체 주택 수의 1퍼센트도 안 된다. 대다수가 지방에 있고 서울에는 달랑 7,969채뿐이다. 서울에서 시골 같은 동네를 찾고 다녔더니, 이 희귀한 한옥이 우리에게 왔다. 한옥이라는 주택 유형을 빼면 우리가 찾는 조건에 꽤 부합하는 집이었다.

우선 집은 서울의 시골 같은 동네인 '서촌'에 있었다. 서촌은 별칭대로 촌이다. 광화문 중심업무지구 바로 옆에 있지만 온갖 규제로 동네가 묶여 있다. 오래된 한옥이 많아 지붕 서까래 아래 제비집 자리도 있고, 그 덕에 제비가 날아다니는 동네가 됐다. 한옥보존지구로 묶인 구역의 한옥은 허물고 다시 양옥으로 지을 수 없다. 한옥만 지어야 한다. 게다가 보존지구의 경우 공방이나 게스트하우스는 가능하지만 카페, 술집 등 근린생활시설이 들어설 수 없다. 즉, 내 집 옆에 갑자기 5층 빌라가 들어서고, 옆집이 술집으로 바뀔까 걱정하지 않아도 된다. 우리 집 마당을 누군가가 내려다보거나, 동네가 시끄러워질까 염려하지 않아도 된다는 이야기다. 이렇게 개발 가치 없는, 무지막지한 한옥보존지구의 규제를 오히려 장점으로 보는 사람들이 우리였다.

집을 고를 때 치안도 중요했다. 집은 청와대와 서울지방경찰청과 가깝다. 동네에는 오래도록 산 토박이 어르신들이 많다. 이분들은 낯선 인기척이 나면 나와보는 '인간 CCTV'나 다름없었다. 연세가 많다 보니 대화를 할 때 소리 지르듯 목소리를 최대한 높여야 하는데 희한하게 작은 인기척에는 바로 반응하신다. 집집마다 대문 앞에 택배 상자가 그냥 놓여 있다. '택배는 문 앞에 놔주세요'가 자연스러운 듯했다.

교통도 편리했다. 집에서 지하철 3호선 경복궁역과 버스 정류장이 내 걸음 기준 도보 3분 거리 이내에 있다. 인왕산과 북악산이 뒷산이고, 경복궁, 덕수궁, 경희궁 등 각종 궁이 지척에 있어 녹지가 풍부하다. 서울시에 따르면 생활권 공원 기준으로 25개 자치구 중 1인당 공원 면적이 가장 넓은 곳이 종로구라고 한다. 서울시 자치구 평균 대비 네 배에 이르는 압도적인 1위다.

값도 상대적으로 쌌다. 한옥보존지구에다가 차가 들어갈 수 없는 골목길 동네라 땅값이 다른 동네 양옥보다 저렴했다. 한옥 공사비는 비싸지만, 서울시의 한옥 지원금을 받아 수리해 살면 해볼 만하다고 생각했다. (하지만 훗날 공사비를 받아 들고 망연자실했다. 최소로 잡아도 양옥 공사비의 두세 배가량 든다.)

집은 1962년에 지은 한옥이었다. 반세기가 지나면서 제 모습과 집으로서의 기능을 잃어가고 있었다. 원래는 ㄱ자의 작은 한옥이었지만 ㄷ자로, ㅁ자로 무리하게 실내 공간을 확장해 쓰다 결국 지붕 일부가 무너졌다. 좁은 집을 더 넓게 쓰기 위해 되는 대로 넓히다 맞은 최후였다. 아파트 재개발을 기다리던 80대의 집주인은 세입자가 도저히 살 수 없어 떠나자 집을 고쳐보려 했으나, 방치한 세월이 더해진 억대의 수리비에 놀랐다. 한옥 지붕에서 물이 샌다면 지붕 속 나무가 썩어 있을 가능성이 높다. 더욱이 지붕 일부가 내려앉았다면 공사가 커지기 마련이다.

집주인은 공사를 시작할 엄두조차 나지 않아 차라리 팔았으면 하던 차였다. 우리가 집을 둘러봤을 때는 마당을 지붕으로 덮어 거실처럼 쓰고 있었지만 수리해서 다시 마당으로 이용하면 될 듯했다. 더 넓은 집이라면 좋겠지만 돈이 부족했다. 더군다나 진택과 나는 서울에서 각각 원룸 및 투룸살이를 하고 있던 터라 마당만 있다면 작은 집에서라도 살 수 있을 것 같았다.

프랑스 태생의 스위스 건축가 르코르뷔지에는 현대 건축의 아버지라 불릴 정도로 숱한 기념비적인 건축물을 짓고서도, 말년에는 프랑스 남부 지중해 연안에 4평짜리 오두막을 짓고 살았다. '나의 궁전'이라 부르면서 말이다. 2017년 서울 예술의전당에서 르코르뷔지에의 건축 전시를 열었을 때 실제 사이즈로 구현해 놓은 4평 오두막이 전시장에 놓여 있었다. 바다를 볼 수 있게 큰 창을 냈지만 실내는 매우 작았다. 집 밖으로 넓은 바다가 펼쳐져 있기에 살 수 있는 최소한의 공간이지만, 4평 오두막은 분명 우리에게 물었다. 정말 우리한테 필요한 삶터의 면적은 얼마일까. 20평대 다음은 30평대, 그다음은 40평대 순으로 아파트 공급 면적에 따라 단계적으로 늘려가는 것이 순리인 양, 성공한 삶인 양 사는 것은 아닐까. 정말 내게 맞는 집의 크기는 어느 정도인지 생각해 본 적이 없었다. 집이 클수록 더 많은 물건들이 자리를 차지한다. 그 물건들은 정말 필요한 걸까. 아무래도 우리에게 가장 중요한 것은 마당이었고, 한옥은 마당 품은 옛 나무집으로 여겨졌다.

물론 걱정도 있었다. 21세기에 이런 옛집에서 살 수 있을까. 한옥을 바라보는 시야는 너무 좁았다. 문화재거나 불편한 옛집. 살림집으로는 불편한 시골집 DNA가 깊숙이 박혀 할머니들이 진절머리 치는 집 아닌가. 춥고, 벌레 많고, 화장실도 밖에 있거나 심지어 부엌에 아궁이가 있다고 생각하는 사람도 많았다. 하룻밤의 한옥 체험이 아니라 불편함 없이 살아갈 수 있는, 지속 가능한 한옥살이가 가능할지 당시에는 가늠하기 어려웠다.

하지만 서촌은 볕이 참 따스했다. 안온한 동네였다. 2010년 서울시의 한옥조사보고서에 따르면 서촌은 무려 서울에서 가장 오래된 골목길이 있는 동네다. 이 길을 따라 들어가다 보면 작은 광장처럼 트인 공간이 나오는데, 사람들은 이곳을 '체부동 너른 마당'이라 불렀다. 집은 마당 끄트머리에 있었다. 너른 마당은 스페인 어느 소도시에서 미로처럼 꼬불꼬불한 길을 걷다 만난 소칼로(광장) 같았다.

골목길에 들어서는 순간 거짓말처럼 풍경이 바뀌었다. 타임머신을 타고 옛 서울로 온 것만 같은 분위기랄까. 너른 마당에는 어느 집에선가 널어놓은 고추가 볕에 바짝 말려지고 있었다. 차가 다니지 않는 사람 길이라 조용하고 편했다.

차가 들어갈 수 없는 좁은 길에 있고 주차장이 없는 조건은 일반적으로 장점이 아니라 단점으로 꼽힌다. 하지만 나와 그는 차를 소유하고 있지 않다. 서울살이를 하는 동안 그래왔고 앞으로도 가능한 한 그럴 생각이다. 서울에서의 뚜벅이 생활은 단출하고 정확해서 좋았다. 지하철을 주로 타고 다니니 차 막혀서 지각할 일 없고, 술 마시고 음주운전의 유혹에 빠질 일도 없다. 차가 없기에 차가 들어갈 수 없는 골목길에 있는 집도 문제가 아니었다. 하지만 사람들은 이후로도 묻고 또 물었다.

집 짓기 전 대화는 이렇게.

"차는 어떻게 해요?"

"저희는 (세월이 흘러) 7년째 사귀는데 차 없이 지내요."

"…딱 맞는 집이네."

집 짓고 난 뒤는 이렇게.

"이 집은 다 좋은데 차가 문제야."

"저희는 (세월이 또 흘러) 9년째 사귀는데 차 없이 지내요."

"아…"

직장에 취업하면 차를 사는 것은 공식과도 같다. 진택도 나를 만나고 얼마 안 되었을 무렵 차를 살까 심각하게 고민했다고 한다. 야근 후 늦은 밤에 택시 타기가 좀 꺼려진다는 나의 말이 진택에게는 이렇게 들린 모양이다. '마, 니가 차가 없으니 내가 야근하고 나서 택시를 타고 귀가해야 하잖아! 남자가 여자를 밤길에 혼자 다니게 하고 말이야.'

진택은 나의 불안한 퇴근길이 마치 자신의 잘못처럼 느껴져 찔리고 아팠다고 했다. 괜한 자격지심이다. 하지만 나는 정말로 뚜벅이 생활이 즐거웠다. 회사가 있는 시청역에서 집이 있는 홍대입구역까지 걸어 퇴근하는 날도 많았다. 빨리 걸으면 1시간, 구경하며 걸으면 1시간 반 정도 걸렸다. 진택과 내가 세 번째로 만난 날에는 서울 성곽 길을 걷기 시작해 한 바퀴를 완주했고, 이어 다음 데이트 코스로 북한산 의상 능선 8봉우리 등반을 선택했다. 함께 등산한 날, 나는 진택이 산을 정말 잘 탄다고 생각했는데 그는 지친 기색을 보이지 않으려고 사력을 다했다고 한다. 체력을 키우지 않으면 안 되겠다는 생각도 들었다고. 결국 진택은 고민 끝에 차 대신 자전거를 구했다. 나와 진택은 날 좋은 주말이면 자전거를 타고 한강 다리를 지나 잠실까지 다녀오곤 했다.

걸어 다닐 시간도 부족한데, 대중교통이 더 빠르고 정확한 서울에서 굳이 차를 소유할 필요가 있을까? 기껏해야 주말에 레저용으로 쓰는 차를 굳이 사서 소유하기엔 낭비라는 생각을 지울 수 없었다. 주차장이 차지하는 공간에다가 자동찻값, 세금, 주차비, 기름값, 혹시 모를 각종 과태료 등을 떠올리면 더 생각할 것도 없었다. 게다가 술을 좋아하는 탓에 혹시라도 술 마시고 운전하려는 유혹에 빠지기라도 한다면?

우리는 처음부터 이런 생각을 공유했고, 대중교통을 이용하기 위해 걷는 것을 운동이라 여기며 살고 있다. 그렇게 걷다 보면 출퇴근만으로도 하루에 1만 보는 거뜬히 채워진다. 물론 아주 가끔씩 차가 필요할 때는 공유 자동차를 이용하고 있다. 언젠가 서울을 떠나 대중교통이 불편한 시골로 가게 된다면 그때 차를 살 생각이다.

사실 자동차는 집에 많은 영향력을 끼쳐온 요소 중 하나다. 주거사를 살펴보면 주차장법에 따라 집의 형태가 많이 바뀌었다. 자동차를 소유하는 가구가 늘어나자 길이 온통 주차장이 됐다. 차를 빼니 마니 하며 길에서 자꾸 싸움이 일어나자 정부는 아예 각자의 집에 주차장을 만들도록, 집의 면적 대비 주차 대수를 법으로 정해버렸다. 한옥은 오래된 동네의, 차가 다닐 수 없는 골목길에 있는 경우가 많아 이 법의 예외 적용을 받는다. 주차장을 만들지 않아도 된다.

자동차가 우리 주거 문화를 바꾸어 놓긴 했지만, 앞으로는 어떨까. 최근 들어 우리처럼 자동차를 소유하기보다 공유하는 트렌드가 더 확고해지고 있다. 공유차와 더불어 자율주행차의 시대가 온다면 집도, 도시 구조도 바뀔 터다. 먼 미래가 아니다. 배달의 민족답게 온갖 생필품을 자정 전에 스마트폰으로 주문하면 다음 날 새벽 집 앞에 놓여 있다. 대형마트에서 양껏 장을 보기 위해서 집집마다 트렁크가 넉넉한 차를 소유해야 하는 시대가 빠르게 지나가고 있다.

이런 거대한 트렌드를 굳이 이야기한 것은, 차를 소유하지 않는 삶을 택한 우리가 그렇게까지 별종은 아니라는 것을 말하고 싶어서다. 우리는 우리의 방식대로 살면 된다. 타인의 시선을 섞어 어렵게 생각하지 않기로 했다. 뚜벅이의 삶을 중심에 놓기로 했다. 아는 목수가 집의 존재를 알린 지 일주일 만에 우리는 집주인과 직거래하여 집을 샀다. 그렇게 어느 날 갑자기 옛 동네의 무너져 내리고 있는 한옥이 우리 집이 됐다.

결혼식 대신
집 짓기

나와 진택은 동갑내기다. 지붕이 무너져 내린 한옥을 샀을 무렵 우리는 5년 차 연인이었다. 30대 초반에 소개팅으로 만났으니 결혼이든 이별이든 둘 중 하나를 해야 할 나이였음에도 우리는 그저 한결같이 연애를 했다. '서로 마땅치 않은 게 있으니 결혼을 안 하고 있는 거겠지'라고 생각한다면 오산이다. 우리는 서로에게 하나뿐인 연인이자 둘도 없는 친구다. 모험을 좋아하나 계산하고 생각만 하는 그와, 모험을 좋아하여 일단 지르고 몸 고생 많이 하는 내가 만나니 꽤 괜찮은 합이 되었다. 그는 모험을 하게 됐고, 나는 고생을 덜하게 됐다고나 할까.

여행을 간다 치면 진택은 사전에 먹을거리와 볼거리를 엑셀로 한 다발 정리해야 직성이 풀리는 성격이었고, 나는 여권이나 지갑만 챙기면 된다는 주의였다. 가까운 제주도를 가더라도 맛집 리스트를 잔뜩 적은 엑셀 파일을 총알처럼 장전해야 그는 안도했고, 나는 길 가다 킁킁 맡은 맛있는 양념 냄새를 쫓아 인생 문어볶음집을 찾아내는 사람이었다. 하지만 그런 촉이 생기지 않는 날에는 그의 리스트 속 각재기국 맛집이 속 풀리는 하루를 열어주곤 했다. 그는 나를 만나 즉흥의 묘미를 알게 됐고, 나는 그를 만나 가이드라인의 든든함을 알게 됐다.

서른에 부모님으로부터 독립한 나와 대학 입학으로 지방에서 상경해 쭉 홀로 서울살이를 해온 그의 집이 각각 연남동과 성산동에 있었다. 걸어서 10분 거리에 있는 두 집을 오가며 우리는 매일 만나 미주알고주알 끊임없이 수다 떨고 밥 먹고 술 마시고 운동하고 쇼핑하고 미용실도 한날한시로 예약해 함께 다녔다. 둘 중 하나가 단골 미용실에 예약 문의를 하면 사장님은 기본 세트처럼 남자 파마, 여자 염색으로 예약을 잡아놓을 정도다. '푸른 지구 방위대'라는 유치한 그룹명을 만들어 서로를 블루(그)와 그린(나)이라 부르며 미션을 수행하고 연대하기도 했다. 각자의 직장에서 일할 때와 대중목욕탕에서 남탕과 여탕으로 들어갈 때, 명절 때 각자의 집으로 가는 것 외엔 사귀는 동안 늘 붙어 다녔다.

집을 샀을 무렵 둘 다 내일모레면 마흔, 결혼을 하고도 남을 나이가 됐지만 양가에서 특별히 보채는 사람이 없었다. 그는 사형제의 막내로 위의 형제들이 모두 결혼했고, 나는 삼남매 중 둘째로 당시 아무도 결혼하지 않은 상태였다. 그의 집은 앞서 큰일을 세 번 치른 뒤 마지막 남은 그의 대사를 흘러가는 대로 둔 상태였고, 나의 부모님에게는 첫째 언니의 결혼이 가장 시급한 숙제였다. 마치 영화 〈반지의 제왕〉에서 절대반지만 쫓는 사우론의 눈처럼 부모님은 시종일관 언니만 쫓아다녔다.

이런 사각지대에서 우리는 결혼에 대한 압박 없이 잘 지냈다. 우리의 생활에는 결핍이 없었다. 서로 편안하고 지극히 안정적이었으니 결혼의 동력 또한 딱히 없었다. 우리에겐 투룸(반전세)과 원룸(전세)이라는 두 채의 물리적 안식처가 있었으며 푸른 지구 방위대의 그린과 블루로서 서로에게 정신적 안식처가 되어주기도 했다. 우리 둘만 있는 지금 이 상태가 좋았다. 결혼은 누군가의 사위와 며느리, 매형과 시누이, (외)삼촌과 (외)숙모가 되는 것이며, 특히 한국에서의 결혼 생활이라고 하면 침대 위에 온 가족이 줄줄이 누워 함께 지내야만 할 것 같은 숨 막힘과 두려움이 있었다.

그런데 마당이나 테라스가 있는 집을 갖고 싶다는 욕망이 생긴 뒤 결혼에 대한 동력이 생겨나기 시작했다. 뭐니 뭐니 해도 '머니'가 필요했다. 집을 사려니 혼자만의 힘으로는 벅찼다. 우리는 경제 공동체가 돼야 했다. 지붕이 무너져 내린 한옥을 사게 되니 가야 할 길이 눈앞에 그려질 정도로 뚜렷해졌다. 각자의 통장에 따로따로 있던 돈이 집으로 모여서 완전히 얽혀 버렸다. 우리가 사는 대한민국 서울은 동거인의 법적 지위가 탄탄한 프랑스 파리가 아닌 만큼, 나와 진택은 결혼하여 부부가 되기로 했다.

하지만 우리의 앞날에는 큰돈 쓸 일만 남은 터였다. 마당 있는 집을 샀지만 당장 들어가 살 수 없는, 지붕이 무너져 내린 한옥이다. 고치거나 새로 짓거나 여하튼 돈 왕창 나갈 기나긴 여정이 남았다. 그리하여 우리는 그 여정의 끝을 결혼식으로 정했다. 집이 완성되면 집에서 결혼하자(즉, 결혼식에 쓸 돈도 집에 쏟자). 결혼 사진을 일부러 한옥에 가서 찍는 게 유행인데 우리 집은 작더라도 마당이 있는 한옥 아닌가.

결혼식장을 집으로 정하니, 결혼식의 규모도 커질 수 없었다. 집이 작으니 양가 가족들만 모여 조촐하게 하자. 집을 어떻게 지었는지 함께 발표하면 재밌지 않을까? 오래된 연인인 우리에게 한두 시간짜리 왕자와 공주 코스프레 같은 결혼식은 다소 닭살스러웠다. 남들이 하니까 해야 하는 결혼식을 하고 싶지 않았는데 마침 딱 좋은 대체제가 생겼다. 우리는 하우스웨딩을 하자. 이런 게 진짜 스몰웨딩 아닌가? 집 짓기는 우리식대로의 결혼식으로 자연스레 연결됐다. 졸지에 집 짓기 프로젝트는 결혼식장 짓기 프로젝트가 됐다.

단 하루의 이벤트를 위해 결혼식장을 찾거나 '스드메(스튜디오, 드레스, 메이크업)'를 고민하며 에너지와 시간과 돈을 쓰는 대신 우리는 한옥에서 사는 우리의 모습을 그렸다. 마당 툇마루에 앉아 해님과 달님을 벗 삼아 술도 마시고 차도 마셔야지. 마당 한편에 귀여운 해태상을 놓고, 매화나무를 심자고 이야기했다. 욕실에는 작은 욕조가 있으면 좋겠다고도 말했다. 어차피 작은 집이니 군더더기 없이 필요한 것만 두고 살자고 했다. 술을 담가 먹자는 말도 나왔다. 마당에 김칫독도 묻고, 커튼 대신 예쁜 보자기를 창에 걸어두고 싶다는 생각이 들었다. 한식을 제대로 배워서 자격증을 따고, 동네 공방에서 무엇이든 배워보자고 했다. 전국의 공예 장인을 찾아 떠나는 여행도, 시골 동네 고물상만 돌아다녀도 재밌겠다는 이야기를 나눴다.

우리는 느리지만 천천히 알아가는 삶을 살길 원했다. 한국 영화로도 만들어진 모리 준이치 감독의 영화 〈리틀 포레스트〉에는 고향 마을 '코모리'로 귀향한 주인공 이치코가 나온다. 영화는 별다른 사건 없이 이치코가 직접 먹을거리를 재배하고 수확해 요리하고 먹는 이야기로 가득하다.

진택과 나는 삶에 허덕허덕 치일 때마다 이 영화를 보고 또 보곤 했다. 오로지 편의만을 좇느라 잊었던 삶을 돌아보게 하는 매력이 있었다. 이치코는 추운 겨울 따끈한 찐빵을 먹기 위해 초여름부터 팥을 심었다. 팥 꼬투리를 일일이 따 수확한 뒤 팥알을 까서 잘 말리는 게 중요하다. 찐빵에 들어갈 팥소를 만드는 일도 만만치 않다. 팥을 삶을 때 설탕을 너무 빨리 넣으면 아무리 삶아도 팥이 무르지 않는다. 손가락으로 눌러 으깨

질 참에 설탕을 넣어야 맛있고 달달한 팥소를 만들 수 있다. 편의점에서 쉽게 사 먹을 수 있는 찐빵은 실로 어려운 음식이라는 것, 팥을 수확하고 팥소를 만들기까지 엄청난 시간이 필요하다는 것을 영화는 담담히 보여준다. 작은 팥알이 여물어 팥소가 되고 찐빵으로 만들어지는 과정을 보며 지금까지 애쓰며 살아왔다는 사실을 알아주는 것 같아 위로를 받곤 했다.

계절마다 존재하는 것들의 이유도 알 수 있다. 겨울 추위 덕에 밖에 널어놓은 무가 얼었다 녹으며 꼬들꼬들 말라가는 것을 보면서 이치코는 말한다.

"추우면 힘들긴 하지만 춥지 않으면 만들 수 없는 것도 있다."

한옥에서의 삶도 그랬으면 했다. 우리의 40대 인생이 지금까지와 다르게 천천히 다져진다면. 아파트에 살면서 밖에 나갈 궁리만 하지 말고, 밖을 품은 한옥을 짓고 산다면. 집에 담을 우리의 취향을 알아가고, 그 취향을 정리해 좀 더 깊게 파고들며 살 수 있다면. 무엇을 좇고 있는지도 모른 채 정신없이 허덕이는 삶을 더 이상 살고 싶지 않았다. 시간이 흘러가는 걸 아는 삶, 하늘을 보며 사는 삶, 되도록 스스로 만들어 가는 삶을 살아가고 싶었다. 땅도 집도 작기만 한데 우리의 꿈은 부풀어 갔다. 이 집에서 다른 삶을 살 수 있지 않을까?

그런데 집 짓기가 예상보다 길어졌다. 2년여에 걸쳐 집을 짓는 동안 지인들은 숱하게 물었다. "대체 결혼은 언제 하니?"

우리의 답은 늘 한결같다. "식장을 지금 짓고 있다니까요
(꿈을 짓고 있다니까요)!"

티끌, 아니 팬티 모아
집 짓기

서촌에 한옥을 샀다고 하니 사람들이 말했다.

"돈도 많다."

한옥이라고 하면 '불편하다'와 함께 '비싸다'라는 인식이 따라다닌다. 불편한데 싼 집이거나 편한데 비싼 집이면 합당하겠는데 불편한데 비싼 집이라니. 한옥이 오늘날 살림집의 1퍼센트도 안 되는 이유다.

한옥이 불편하다는 고정관념은 옛집에 대한 기억 탓이다. 화장실도 밖에 있고, 부엌에 이궁이가 있고, 집은 또 왜 이렇게 단차가 심한지 밥상을 들고 문턱을 넘나들다가 발톱을 찧고 눈물 쏙게 하는 집. 겨울에는 춥고 여름에는 벌레 많은 집으로 기억할 뿐이다. 한옥 아닌 다른 집은 그동안 상당히 편리해졌는데 말이다. 아파트에 살다가 그런 옛집에 한번 머물려고 하면 불편하기 짝이 없다. 더욱이 비싸다. 대궐 같은 기와집은 옛날에도 비쌌고, 지금도 비싸다. 사랑채, 안채 등 방 한칸 한 칸이 넓은 대지에 흩어져 있는, 이른바 조선시대 한옥의 땅 면적을 생각하면 당연히 비싸지 않겠나. 하지만 도심 한옥의 구성은 다르다. 아파트처럼 방들이 모여 ㄷ자, ㅁ자로 축약되어 있고, 대부분 소형 평수다. 낡은 집이 많아 양옥보다 싼 집이 훨씬 많다. 더욱이 한옥보존지구로 묶이면 한옥밖에 못 지으니 땅의 미래(개발) 가치가 일반 땅보다 떨어진다. 우리가 산 한옥도 마찬가지였다. 다만 문제는 공사비였다.

예전 집주인이 무너져 내리는 지붕을 수리하려고 목수를 불렀을 때 억대의 수리비가 나온다는 말에 공사를 포기하지 않았던가. 통상 한옥에 비가 새서 지붕을 뜯어보면 나무들이 상당히 썩어 있어 대공사가 되기 일쑤다. 생각해 보면 그 비싼 원목으로 지으니 한옥의 재료 원가가 높은 것은 당연하다. 공방에서 수작업으로 만든 원목 가구와 이케아의 가구 가격을 비교해 생각하면 된다. 더욱이 아파트처럼 시장이 크지 않아 대량생산도 안 된다. 수작업으로 해야 하는 일이 많다 보니 맞춤형 제작을 위한 인건비 역시 상당히 비싸다. 평당 평균 공사비로 치면 한옥은 양옥의 최소 두세 배 이상 든다.

우리는 각자 갖고 있는 돈과 신용 대출 등을 활용해 집값을 해결했다. 우리는 오래된 연인으로, 각자의 직장 생활 근속 연수를 합치면 20년이 넘었다. 물론 집을 사면서 호사스러운 두 집 살이를 접어야 했다. 그의 원룸 오피스텔 전세금을 빼서 한옥을 사는 데 보탰다. 에어컨이 없는 내 투룸 대신 그의 성산동 집을 피서지처럼 여겼기 때문에 아쉬웠지만 어쩔 수 없었다. 집 짓는 동안 둘이 살 수 있는 투룸을 남겨야 했다.

남은 건 공사비와 설계 및 감리비였다. 정부에서 보조해 주는 한옥 지원금이 일부 있긴 했지만 전체 공사비를 가늠했을 때 우리는 허리띠를 '바아싹' 졸라매야 했다. 우리는 매달 버는 족족 공사비를 내야 했다. 설계와 공사를 합쳐 최소 1년 넘게 걸릴 일이었다. 어디 가서 손 벌릴 곳도 마땅히 없어서 우리는 나름 치열하게 전략을 짰다. 작전명은 티끌 모아 태산. 일단 안 쓰고 모으자는 것이었다. 진택과 나는 소위 말하는 '금수저' 출신이 아니었고, 대학생 때부터 혹은 졸업 이후 스스로 생활을 알아서 일궈가는 독립 생활자였다.

집 짓기를 위한 슬기로운 합숙(동거) 생활이 시작됐다. 우리의 미션이 성공할 수 있었던 가장 핵심적인 요인은 로또 당첨이 아니라, 동거인의 평소 씀씀이와 경제관념이었다. 나는 나의 투룸에 도착한 그의 짐을 보았을 때 적어도 그로 인해 우리가 실패할 일은 없을 것임을 알았다. 그는 15년 넘게 홀로 서울살이를 했음에도 소유하고 있는 것이 거의 없었다. 미니멀리스트 중에서도 궁극의, 무소유의 경지에 이른 도인 같았다. 기존에 얼마 안 되던 옷들도 너무 오래된 것들(1990년대 유행했던 무스탕)이라 이리저리 정리해 보니 더욱 단출해졌다. 그는 증권맨과 금융맨 들이 쫙 빼입은 양복을 뽐내며 다니는 화려한 동네에서 일하고 있으면서도 옷을 사는 데 흥미가 없었다. 내가 등을 떠밀어 매장에 함께 가서 "이 옷 입어라, 저 옷 입어라" 하며 청기 백기 하듯 옷을 들어 입힌 다음에 "이 옷은 기본적인 생활을 영위하는 데 꼭 필요한 아이템이니 사시오"라고 해야 겨우 사는 사람이었다.

나는 대학생 시절 혼자 힘으로 1만 달러를 모아 1년간 휴학하고 북미 알래스카부터 최남단인 남미 아르헨티나 유수아이아까지 가는 아메리카 종단 여행을 한 적이 있었다. 당시 과외를 여덟 개씩 하며 돈을 모았다. 연예인 스케줄 뺨치는 일정이었다. 정신력과 체력이 상당히 필요했던 당시 점심은 늘 500원짜리 옥수수빵이었고, 웬만한 거리는 걸어 다녔다. 걷는 데는 이골이 난 이유다. 물론 직장 생활을 시작한 이후 옷값, 술값에 한 달 카드값만 수백만 원을 찍어보기도 했지만 한때였다. 목적 없는 과소비는 버려야 할 쓰레기만 남길 뿐, 결국 돈 주고 짐을 사서 공간만 차지하다 버리게 되는 불쾌한 일의 연속이었다.

이런 두 사람이 악착같이 돈을 모아보기로 했다. 우리는 생활 수칙부터 정했다.

첫째, 외출할 때 물은 싸 들고 다닌다.

둘째, 옷은 안 산다.

셋째, 밥은 집에서 먹는다.

넷째, 해외여행은 안 간다.

다섯째, 택시는 안 탄다.

편의점에서 500밀리리터 물을 한 통 사면 950원이다. 대형 슈퍼에서는 400원대다. 집에서 쓰는 브리타 정수기의 물을 담아 가면 0원이다. 몇백 원 가지고 아무렴 어때, 하는 순간 돈은 구멍 난 주머니에서 빠져나가는 모래마냥 순식간에 사라진다. 950원짜리 물을 사 먹지 않겠다는 것은 우리의 절약 생활의 기본 정신을 담은 제1선언이었다. 쓰지 말아야 할 돈은 쓰지 않는다. 물을 시작으로 카페에서 커피도 사 먹지 않고 집에서 내린 커피를 싸 들고 다녔다. 택시 역시 마찬가지였다. 조금 더 품을 들이면 대중교통으로 어디든, 더 정확히 갈 수 있는 서울에 살지 않는가.

남들은 결혼 준비를 하면서 백화점 VIP 카드를 발급해 포인트를 쌓으며 소비력 '만렙'을 찍는다는데 우리의 결혼 준비는 그 반대였다. 빚이 있는 데다가 앞으로 들어갈 돈도 많다 보니 물욕은 사라졌다. 한 달 카드값이 10만 원대를 찍는 나날들이었다. 집을 짓기 위해 답사를 다닐 때도 늘 먹을 것과 마실 것을 싸 들고 다녔다. 그 시절 서울 삼성동 코엑스 별마당도서

관의 화려한 인파 속에 집에서 싸 온 고구마와 커피를 먹고 마시는 우리가 있었다. 교외로 나갈 때도 대중교통을 이용했다. 전라도와 경상도로 한옥을 구경하러 갈 때도 버스를 타고 다녔다. 시골 마을을 돌아 돌아 가는 완행버스도 즐겁게 탔다.

합숙 생활을 했던 2018년 여름은 최악의 폭염을 기록한 해였다. 앞서 말한 대로 나의 투룸에는 에어컨이 없었다. 우리는 그해 여름을 대야에 찬물을 받아 발 담그며 버텼다. 그 모습이 너무 웃겨 사진을 찍어서 주변에 보여주며 웃었다. "에어컨이 없어서 대야에 물 받아서 발을 담가봤어!" 해쭉 웃는 내게 상대방은 복잡한 웃음을 지어 보이곤 했다. '아 대체 뭐라고 말해야 하지? 격려? 위로? 같이 웃어야 하나?' 뭐 이런 말이 그대로 떠 있는 얼굴이랄까.

창피한 일이라고 생각하면 창피한 일이다. 하지만 우리는 그렇게 생각하지 않았다. 우리는 집 짓기라는 분명한 목표를 갖고, 이 미션을 성공적으로 수행하기 위해 노력하는 과정에 있었다. 이렇게 스스로 일구려고 노력하는 우리에 대한 자긍심도 있었다. 대야의 물로도 해결할 수 없을 정도로 너무 덥다 싶으면 배드민턴 채를 들었다. 아예 밖에 나가서 땀이 쏙 빠지도록 배드민턴을 쳤다. 그 여름, 연남동 끄트머리 철길 쪽 배드민턴장에서 흘린 땀이 얼마나 됐던가. 집에 돌아와 샤워하고 나면 개운하게 잠이 잘 왔다. 2년여를 그렇게 살았고, 둘이서 오롯이 모은 돈으로 한옥을 지었다.

만약 둘 중 하나라도 "궁상맞아, 짜증 나, 왜 이렇게까지 해야 해"라고 말했다면 우리는 성공할 수 없었을 것이다. 우리는 남과 비교하며 스스로를 불행하게 만드는 말 따위는 꿀꺽 삼키고, 되도록 이 미션을 끝까지 즐겁게 수행하려 노력했다. 우리의 집(꿈)이 지어지고 있지 않은가. 잠깐의 소비는 찰나의 해방감을 줄지언정 우리에게 쾌적한 보금자리를 안겨주지 못하나니. 지구를 지키는 푸른 지구 방위대 블루와 그린의 팀플레이는 환상적이었고, 가족들이 보기에는 지독했다고 한다. 엄마는 지금껏 이 이야기를 꺼내면 고개를 가로젓는다. "둘 다 진짜 지독해…."

환상의 팀플레이를 기억하기 위해 오늘날까지도 소중히 보관하고 있는 것이 있다. 진택이 끈질기게 입고 또 입어 구멍이 여럿 난 팬티 두 장. 나는 낡디낡아 특히 구멍이 많은 것을 선별해 '낭(걸)인 팬티'라 이름 붙이고 가보로 보관하기 위해 고이 간직하고 있다. 볼 때마다 잠깐 아련하고 아주 오래 웃기다. 말로 아무리 설명하려고 해도 이 모습이 잘 전달이 안 된다. 한번 보면 잊을 수 없는 충격적인 비주얼을 가졌기에 '백문이 불여일견'이라는 옛말을 잘 전달하는 작품이다. '어떻게, 얼마나 입으면 팬티가 이렇게까지 될 수 있는 거지?' 싶어 절로 집중하게 만들기에 복잡한 세상의 시름을 잠시 잊게 한다. 무엇보다 매사에 '개쌍마이웨이' 정신으로 당당하게 살며, 최대한 서로 웃기며 즐겁게 살자는 정신까지 담은 훌륭한 가보다. 물론 오늘도 진택은 이 가보를 호시탐탐 버리려고 애쓰고 있지만. 나는 총력을 다해 아주 잘 감춰뒀고 평생 꺼내 보며 아련하게 오래 웃을 참이다. 큭큭.

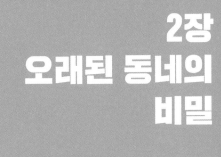

2장
오래된 동네의
비밀

아파트 밖에서 마주한
재개발과 재생의 민낯들

그 골목길의 주인은
따로 있다

집을 직거래로 계약하자마자 내딛는 걸음마다 지뢰가 터지기 시작했다. 서울에 마당 있는 내 집 마련이라는 천국행 열차인 줄 알고 서둘러 올라탔는데 지옥행 급행열차였음을 출발하자마자 깨닫게 됐다. 열차에서 내리니 전쟁터였다. 구도심의 땅은 개발할 때 난도로 치면 최고 등급이다. 건축법이 만들어지기 이전부터 있었던 동네를 새로운 법에 따라 개발하는 일이기 때문이다. 보기에 안온해 보여도 한 꺼풀을 걷어내는 순간 '어서 와, 지옥은 처음이지?'를 경험하게 된다는 것을, 너무 복잡하게 얽힌 문제가 많아 개발을 못 하기에 동네가 점점 낡아간다는 사실을 몸으로 겪기 전에는 몰랐다. 그런 땅을 중개사무소도 끼지 않은 채, 집주인과 직거래를 한 것은 정말 무모한 도전이었다.

땅을 살 때 가장 경계해야 할 것이 있다. 두 눈이다. 눈으로 보이는 것을 곧이곧대로 믿어서는 안 된다. 공문서를 꼼꼼히 확인해도 모자랄 터인데 우리는 뭐에 홀린 듯 다급하게 이 집을 일주일 만에 계약했다. 집은 맹지였다. 땅이 싸게 나온 이유였다. 하지만 맹지를 사는 게 어떤 의미인지 당시에는 몰랐다. 체부동 집을 만나기 전, 한옥 골목 동네로 뜬 익선동 옆 운니동의 한 중개사무소에서 소개한 땅을 보러 갔을 때였다. 그 집은 집 앞 진입로가 앞집 땅인 맹지였다. 우리는 비교적 저렴한 가격과 반듯한 땅 모양새를 보고 한참을 고민했었다. 그런 우리를 본 중개사무소 사장은 "맹지인데, 젊은 사람들이 보통 고수가 아닌가 봐"라며 신기해했다. 우린 고수가 아니라, 똥과 된장을 구분하지 못하는 멍청이였다. 체부동 집 역시 전 주인인 할머니가 구청에 문의하니 "건축 행위를 하는 데 문제없다"라는 답을 들었다고 하여 그 말을 곧이곧대로 믿었다. 일견 사실이기도 했다. 복잡한, 어쩌면 불가능한 과정을 거쳐야 하지만.

맹지의 사전적 정의는 '도로와 맞닿은 부분이 전혀 없는 토지'다. 그럴 리가. 집 앞에는 체부동 너른 마당이 있지 않은가. 서울에서 가장 오래된 골목길이자 4미터의 폭을 자랑하는 그 길에 집이 분명히 있는데 이게 무슨 일이람. 심지어 보도블록

이 깔린, 구청이 관리한다고 생각할 법한 널찍한 길이 집 앞에 버젓이 있는데 우리 땅이 왜 맹지란 말인가.

체부동 너른 마당은 도로로 보일 뿐 도로가 아니었다. 땅 주인이 있는 대지였다. 정부민원포털 '정부24'에서 지적도만 떼어봐도 명확하게 '도(로)'가 아닌 '대(지)'라고 표시되어 있었다. 즉 체부동 너른 마당은 법적으로 대지이나 동네에서 오랫동안 관습적으로 도로로 쓰고 있는, 이른바 현황 도로였다.

오래도록 쓰고 있는 폭 4미터 현황 도로에 종로구청이 건축 허가를 내줘서 갑자기 건물이 들어설 일은 없다. 길을 지나다니지 못하게 막기도 어렵다. 하지만 문제는 우리의 새로운 건축 행위였다. 통상적으로 건축하려면 땅이 길과 연결되어 있어야, 건축법상 2미터가량 접해 있어야 건축 허가를 받을 수 있다. 그런데 내 땅 앞에 사실상 길이어도 법적으로는 대지가 놓여 있다면, 그 길 주인의 토지사용승낙서를 받아야 한다. 승낙서만 받으면 건축 행위를 할 수 있으므로 구청에서는 전 주인에게 맹지라도 건축 행위를 할 수 있다고 한 것이다. 하지만 반대로 승낙서를 받지 못하면 건축 허가가 안 난다. 무엇보다 생판 모르는 남의 승낙을 받는다는 것은 쉬운 일이 아니다. 길의 주인이 동네 주민이라면, 그 길을 둘러싼 집주인 중 하나라며 그나마 형편은 낫다. 하지만 뒤늦게 길의 주인을 알기 위해 소유권 확인차 등기부등본을 떼어본 결과 우리는 절망했다. "철없이 날뛰던 원숭이들아, 너희 나무에서 제대로 떨어졌다. 앞으로 기대해라"라고 길이 말하는 게 아닌가. 볕 좋은 체부동 너른 마당의 매서운 배신이 시작됐다.

골목길의 면적은 36제곱미터. 10평가량 되는 이 길을 A 씨는 2008년 5월 경매로 1억 원에 샀고, 현재까지 소유하고 있다. 아무짝에 쓸모없는 이 현황 도로를 왜 억대의 돈을 주고 샀을까, 의문이 들었지만 다 이유가 있었다. A 씨가 땅을 살 무렵 체부동은 격변기의 정점에 있었다.

너른 마당과 우리 집을 포함해 옛 한옥이 모여 있는 체부동은 당시 아파트 재개발 예정지였다. 즉, 한옥보존지구의 과거는 '체부 제1주택 재개발구역'이었다. 전면 철거한 후 새로 짓는 것이 '보존지구'의 역사라니, 그야말로 극과 극이다. 2004년 서울시가 고시한 〈2010 서울특별시 도시 및 주거환경정비 기본계획〉에 따라 서울시는 구시가지 내 299개의 정비예정구역을 선정했고, 체부동도 그중 하나였다. 이명박 서울시장 시절에 추진됐던, 최근 또다시 재개발 열풍에 휩싸인 일명 뉴타운사업의 한 구역이었다. 서울시의 밑그림에 따라 낡은 삶터를 재개발하기 위한 조합설립추진위원회가 바로 구성됐다. 주민들은 낡은 한옥 말고, 새 아파트에서 살길 원했다. 모두 밀고 12층짜리 아파트 600가구를 짓는다는 청사진이었다.

체부동 너른 마당도 체부 제1주택 재개발구역 내에 있었다. 즉, 길이고 대지이고 간에 용도는 중요하지 않았다. 훗날 다 밀어버리고 아파트를 지을 테니 땅 면적, 지분만 중요한 때였다. 그래서 A 씨는 2008년 5월, 이 길을 경매로 샀다. 그런데 그다음 달인 6월, 서울시는 도시·건축공동위원회를 열어 〈체부 제1주택 재개발구역 정비계획〉을 부결시켰다. 재개발 사업에 제동을 건 것이다. 사업을 막은 이유는 한옥이었다. 체부 제1주택 재개발구역의 건물 285동 중에서 한옥이 128동, 즉 44.9퍼센트에 달했다. 서울시는 "체부동 일대는 한옥이 밀집된 주거지로 주변에 경복궁과 사직단 등 중요 문화재는 물론 서울의 내사산內四山 중 하나인 인왕산과 인접해 역사성이 있는 곳"이라며 "주변 지역 전체와 조화를 이루는 한옥 보존 방안이 필요하다고 판단돼 부결시켰다"라고 발표했다.

그리고 그해 12월 서울시는 '한옥 선언'을 한다. 2009년부터 10년간 3,700억 원을 투자해 사대문 안 3,100채, 사대문 밖 1,400채 등 총 4,500채의 한옥을 보존하거나 새로 조성한다는 내용이었다. 2006년 지방선거 이후 서울시장이 이명박에서 오세훈으로 바뀌었고 정책도 달라졌다. 한옥 동네는 재개발해야 할 낡은 삶터가 아니라, 역사 문화적 유산의 하나로 보존해야 할 대상이 됐다. 서울시는 2010년, 이 한옥 선언을 토대로 한 〈경복궁 서측 지구단위계획〉을 발표한다. 서촌은 한옥보존지구가 됐고, 체부동의 12층 아파트 재개발은 물 건너갔다

A 씨 입장에서는 아파트 재개발을 바라보고 경매로 길을 샀는데 한 달여 만에 정책이 바뀐 것이다. 아파트가 돼야 할

길은 다시 낡은 한옥 동네의 현황 도로가 됐다. 그렇게 10여 평 길에 돈 1억 원을 묻어놓은 채 10년이 흘렀다. 이런 A 씨가 과연 토지사용승낙서를 흔쾌히 써줄까? 엄청난 대가(돈)를 지불하라고 하면 어떡하지? 10년간 재산권도 행사하지 못하고 화가 나 있을 텐데 토지사용승낙을 안 하면 어떡하지? 우리는 더럭 겁이 났다. 온라인에 관련 사례를 검색해 보니 맹지 문제를 둘러싼 무시무시한 전쟁 이야기가 쏟아졌다. 아파트 단지 밖에서는 정비되지 못한 골목길을 둘러싸고 개인 간의 피 터지는 생존 싸움이 곳곳에서 펼쳐지고 있었다.

화가 났다. 주민들은 길도 제대로 정비되지 않은 낡은 동네를 못 견뎌서 아파트 재개발을 택했지만, 정부가 이를 막았다. 그렇게 10년이 흘렀지만 동네는 삶터로서 나아진 것이 없었다. 더, 더, 더, 더 낡아졌을 뿐이다. 한옥보존구역으로 규제만 해놓고 사람 몸으로 치면 혈관 같은 길조차도 정비를 안 해주다니. 기본적으로 혈관이 있어야 하고 그 혈관이 충분히 넓어야 각종 순환(공사)이 잘될 것 아닌가.

서울시는 한옥 선언을 한 이후 한옥보존구역에서 한옥을 수리하거나 새로 지을 때 한옥 지원금을 주겠다고 대대적으로 홍보했다. 하지만 길 문제로 보수 공사가 어렵거나, 지원금보다 공사비가 더 막대하게 드는 집이 태반이었다. 한옥보존구역으로 지정된 뒤 사람이 떠나 폐가가 되거나, 폐가나 다름없는 상태의 한옥에서 살아가고 있는 주민들이 수두룩한 것이 현실이었다.

더욱이 A 씨가 경매로 이 길을 사기 전에, 길을 내놓은 전 주인을 확인하고 놀랐다. 바로 종로구청이었다. 구청이 개인에게 길을 판 것이다. 1992년 종로구청은 민 모 씨로부터 이 땅을 압류했다. 이유는 세금 체납으로 추정된다. 주민들이 현황 도로로 쓰고 있는 땅을 구청이 압류했으면 다음 절차는 무엇이어야 할까. 당연히 낡은 동네에서 공사를 원활히 할 수 있게, 도시계획상의 도로로 만들고 정비하는 것이 공공의 역할일 텐데 종로구청은 그 대신 경매로 길을 되팔아 수익을 올렸다. 아파트 단지 밖 동네의 현실이다. 정부는 도시 삶터의 기본적인 인프라 투자에 인색하다. 동네는 방치되다 결국 스스로 터 무늬를 지우고, 고달팠던 땅의 역사를 밀어버리고 아파트로 재개발되기를 바란다. 그렇게 하지 않고서는 전신주마다 위험천만하게 얽혀 있는 전선을 땅속에 묻을 방법이, 전선보다 더 복잡하게 얽힌 길 문제를 해결할 방법이 없기 때문이다. 1,000억 원 넘게 쏟아부은 동대문 쇼핑타운 옆 창신동 재생사업이 결국 실패로 끝난 것은 주민의 실생활을 외면한 채 보여주기식 재생에만 골몰한 탓이다. 실제로 주민 생활에 필요한 하수도를 제대로 정비하는 데만 1,000억 원 이상 든다. 차가 다닐 수 있게 길을 넓히고 주차장을 만들려면 더 많은 돈이 든다.

서울에서 시골 같은 동네를 찾았더니, 공공이 외면하고 방치한 도시의 민낯을 만나게 됐다. 서울의 시골에서 산다는 것은 낭만적인 생각이었다. 이곳에서 살 자신이 없어졌다. 아파트 단지로 다시 돌아가야 할 것만 같았다. 그러는 게 좋을 것 같았다. 집 매매계약을 물릴까 숱하게 고민했다. 하지만 우리는 집을 짓고 결혼해야 했다. 집은 이미 우리의 삶 속에 깊숙이 들어와 버렸고, 우리의 꿈이 됐기에 도저히 물릴 수가 없었다. 그러던 차에 딱 하나 방법이 보였다. 앞뒤 가리지 않고 돌파구를 향해 직진했다.

늙은 삶터의
뒷조사

딱 하나 발견한 돌파구는 뒷조사였다. 체부동 너른 마당의 역사를 탈탈 털어야 했다. 만약 집 앞 골목길이, 너른 마당이 1975년도 이전부터 이 상태로 있었다면 건축법상 도로로 인정받을 가능성이 보였다. 건축법상 도로가 되면 설령 개인의 땅이더라도 토지사용승낙서를 받지 않아도 된다. 길의 폭이 희한하게 4미터인 게 단서가 됐다.

4미터는 건축법에서 정의한 도로의 폭이다. 4미터 너비의 도로를 끼고 있어야 건축할 수 있다. 그런데 내 집 앞 도로가 4미터가 아니라면? 구도심에는 이런 집이 수두룩하다. 이럴 경우 공사를 할 수는 있다. 다만 신축할 때 내 땅을 길로 만들어서 건축법이 정의한 길의 너비 기준을 충족해야 한다. 만약 집에 면한 길이 2미터라면 내 땅 1미터를 길로 내놔야 건축 허가를 받을 수 있다는 이야기다. 나머지 1미터는 길을 끼고 있는 맞은편 집에서 내놓아야 할 몫이다. 땅을 길로 내놓아도 보상은 받을 수 없다. 유구한 역사를 자랑하는, 공공의 전통적인 길 확충 방법이다. 목마른 사슴아, 스스로 길을 내서 집을 지으렴. 우리는 손 하나 까딱 안 하고 건축 행위에 따른 세금만 챙기마.

좁은 골목길을 끼고 있는 오래된 동네가 낙후되는 이유이기도 하다. 이런 길에는 유독 작은 집들이 다닥다닥 붙어 있다. 가뜩이나 집도 작은데 새로 지으려면 땅의 상당 부분을 길로 내놔야 하니 집은 더 작아진다. 새로 지을 엄두조차 못 내는 집이 수두룩하고, 동네는 점점 더 낡을 수밖에 없다. 설령 마음먹고 공사를 한들 새로 들어선 집은 주변 집과 다르게 길에서 움푹 들어가게 된다.

우리나라의 건축법은 1962년도에 처음 만들어졌다. 당시에는 도로를 "도로라 함은 폭 4미터 이상의 도로를 말한다"라고 정의했다. 건축법의 원류인 조선시가지 계획령의 정의도 비슷했다. "도로라 함은 폭원 4미터 이상의 도로 및 폭원 4미터 미만의 도로로서 토지의 상황에 따라 행정관청이 인정한 것"이었다. 즉, 폭 4미터가 중요했다.

사회규범인 법은 사회가 달라지면 그에 따라 변화한다.

1975년 건축법이 개정되면서 도로에 대한 정의는 더 까다로워졌다. "도로라 함은 보행 및 자동차 통행이 가능한 폭 4미터 이상의 도로로 다음 중 하나에 해당해야 한다"로 바뀌며 "도시계획법과 도로법, 사도법 등 기타 관계법령의 규정에 의하여 신설 또는 변경에 관한 고시가 된 것 또는 건축 허가 시 시장 군수가 그 위치를 지정한 도로"라는 조건이 추가되었다.

즉 처음 건축법이 만들어졌을 때는 폭 4미터만 되면 도로 요건을 충족했는데, 이제는 자동차가 지나갈 수 있으면서 법적으로 또는 지자체에서 도로로 지정해야 한다는 조건이 더 생긴 것이다. 법이 이렇게 갑자기 바뀌면 이전 법상으로는 도로였던 길의 지위가 흔들린다. 폭 4미터인데 자동차가 지나다니지 않는 길은 더 이상 건축법상 도로가 아닌 걸까.

그래서 '경과조치'라는 게 있다. 법이 바뀌기 이전에 요건을 충족했던 경우, 법이 개정돼도 그대로 인정해 주겠다는 조치다. 즉, 1975년도 이전에 폭 4미터의 도로였다면 그 이후에도 건축법상 도로로 인정받을 수 있다. 관공서가 좋아하는 판례도 있었다. 푸른 지구 방위대에서 꼼꼼함과 치밀함을 토대로 자료 조사를 담당하고 있는 블루가 법원 판례를 박박 뒤진 결과 이루어 낸 성과였다.

채부동 너른 마당우 폭 4미터의 현황 도로다. 차가 다닐 수 없는 골목길이지만, 4미터가 우리에게 가능성을 안겼다. 언제부터 4미터였는지만 밝히면 된다. 건축법이 개정된 1975년

이전부터 4미터 도로였다면 건축법상 도로로 인정받을 수 있다. 건축법상 도로가 되면 우리는 굳이 길 주인을 찾아가 토지 사용승낙서를 받지 않아도 된다. 한 줄기 빛이었다. 길의 역사를 추적하면 되는 것 아닌가. 하지만 주변 반응은 부정적이었다. 애써봤자 관공서를 실득할 수 없을 것이라는 이유에서다. 우리 사정을 잘 아는 한 건축가는 "그 길을 끼고 있는 다른 집 분들과 연대해서 길 주인을 찾아가 승낙서를 받는 게 낫지 않냐. 어차피 그 동네분들도 앞으로 공사하려면 승낙서를 받아야 할 테니 힘을 모아봐라"라고 조언했다.

또 다른 이는 "이럴 때 공인중개사무소가 필요한 거다. 옛 동네 복덕방의 경우 얼추 그 동네 사람들을 건너 건너 알고 있어서 '젊은 사람들이 이렇게 집 짓겠다고 하는데 좀 도와주소'라고 말 건네면 일이 풀릴 수도 있을 텐데 어렵게 됐다"라고도 했다.

하지만 우리는 중개사무소도 끼지 않은 채 이 어려운 땅을 직거래했다. 이 동네에 산 적 없는 외지인이고, 외톨이였다. 우리 문제는 우리가 해결해야 했다. 하나씩 하나씩 멀리 보지 말고 시야를 좁혀서 눈앞의 과제만 보기로 했다. 우리는 동네 어르신 탐문부터 시작했다.

우리 집을 포함해 총 여섯 채의 한옥이 체부동 너른 마당을 둘러싸고 있다. 모두 1962년도에 지어졌다. 함께 지어졌을 가능성이 높다. 첫 번째 집은 동네 터줏대감인 교장 선생님 댁이다. 1977년부터 2022년 지금까지 45년째 살고 계신다. 교장 선생님으로 퇴임해 현재 골목길 보안관으로 활동하고 계신다. 우리가 골목길에 들어서면 어떻게 아셨는지 대문을 열고 내다 보신다. 집 안에 CCTV가 설치된 게 아닐까 싶을 정도다. 너른 마당을 아침저녁으로 깨끗하게 비질하는 것도 부지런한 어르신의 일상이다. 작은 새가 전깃줄에 앉아 지지배배 고운 소리로 울고 있는 걸 넋 놓고 구경하고 있으면 "새가 길에 자꾸 똥을 싸, 못 써"라며 보안관으로서 현실적인 애로사항을 토로하시곤 한다.

지붕이 무너져 내린 우리 집의 마지막 세입자였던 할머니가 남겨둔 이삿짐을 가지러 오셨을 때였다. 할머니는 너른 마당을 보며 살면서 고마웠던 일들을 하나둘씩 말씀하기 시작했다. 그중 교장 선생님 이야기도 있었다. "교장 선생님이 겨울 아침마다 집 앞에 쌓인 눈을 쓸어주셨어. 덕분에 안 미끄러지고 다닐 수 있었는데 고마웠다는 인사도 한 번 못 했네그래." 마음이 따뜻해졌다. 8년간 살았던, 어찌 보면 열악하기만 했던 집을 떠나며 하는 말씀이 이렇게 고울 수가. 부유하지 않더라도 서로 고마운 게 많은 안온한 동네에 왔구나, 안심하게 됐다. 물론 집 계약하고 아주 잠깐, 천국행 열차를 탄 줄 알고 좋아하던 시절의 이야기다.

건축법이 개정된 1975년도 이전부터 교장 선생님이 이 농네에 사셨다면 4미터 도로의 확실한 증언자가 될 수 있었을 텐데, 딱 2년 뒤인 1977년도에 이사를 오신 게 아쉬웠다. 그래도 물었다. 나, 그린이 나설 차례다. 푸른 지구 방위대에서 진택이 자료 조사를 맡았다면 나는 현장 취재 및 대화를 맡고 있다.

"어르신, 이 길이 언제부터 이렇게 있었는지 아세요?"

"응? 원래부터 이랬지."

"길에 따로 주인이 있다는 것도 알고 계셨어요?"

"응? 여기 길의 주인이 있다고? 허허, 아니야. 처음 듣는 이야긴데. 이 도로에 우리도 땅 많이 내줬어. 원래 도로가 저 집 (우리 집) 너머 큰 도로까지 쭉 날 계획이었는데 막힌 거야."

어르신은 너른 마당의 주인이 따로 있다는 사실조차 모르고 있었다. 그래도 단서가 두 개 더 생겼다. 교장 선생님 땅 일부도 너른 마당에 포함되어 있다는 것과 지금은 막혀 있지만 4미터 도로는 쭉 연결돼 바깥 큰 도로까지 이어질 계획이었다는 것.

너른 마당의 두 번째 터줏대감은 1982년부터 살고 계신 전직 통장 어르신네다. 통장 시절 아파트 재개발을 강력히 추진하셨단다. 어릴 때부터 이 일대에 살았던 터라 어르신은 동네 이야기에 해박했다. 어르신은 지금과 같은 모습의 길 위에서 이리저리 뛰어놀았다고 말씀해 주셨다. 크게 건질 단서는 없었지만 여하튼 너른 마당이 오래전부터 이 상태로 있었다는 것을 확인할 수 있었다.

우리는 다음 단계로 주민센터에 가서 옛날 땅 도면인 폐쇄 지적도를 뗐다. 1967년도의 지적도에 체부동 너른 마당이 분명히 있었다. 더 오래된 한 지적도에도 분명히 길이 보였고, 그보다 더 오래된 최초의 연도 미상 지적도에는 길이 없었다. 그냥 큰 덩어리의 필지들만 있었다. 그 필지가 쪼개져 너른 마당을 길로 삼아 집이 들어선 것이 분명했다. 이 길이 만들어질 때부터 4미터였을 가능성이 높았다.

다음 타자로 자료 조사에 강한 블루, 진택이 나섰다. 진택은 네이버에서 옛날 기사들을 끈질기게 뒤지기 시작했다. 특별할 게 있을까 싶었는데 할렐루야, 결정타가 될 단서가 나왔다. 1981년 9월 8일 자 《경향신문》의 기사다. 우리가 갓 태어나 울고 있을 무렵 훗날의 우리 집, 우리 동네가 신문 기사에서 다뤄졌다.

기사 제목은 〈관습 도로 이용돼 건설을 불허〉였다. 문답으로 이뤄진 기사를 보니, 당시 행정절차와 관련해서 관공서에 질문할 것이 있으면 신문을 통해 묻고 답하기도 한 모양이었다.

신문에 기재된 질문은 이랬다.

체부동 일대 대지 200평을 지난 1962년에 매입, 여섯 채의 집을 팔았읍니다. 그러나 그 당시 체부동 ○○○-○의 10.9평 (체부동 너른 마당)이 소방도로계획선에 들었다가 훗날 해제됐다고 합니다. 이 땅을 찾을 수 있는 길과 보상받을 수 있는 방법은 없는지요. 또 이 같은 자투리땅으로 건축 허가를 받을 수 있는지요. ─민 모 씨 (중구 신당5동 ○○번지의 ○○○)

낯익은 이름이다. 너른 마당의 등기부등본에서 본 이름이었다. 길을 처음부터 쭉 갖고 있다가 종로구청에 압류당한, 전 주인이었다. 퍼즐이 맞춰지기 시작했다. 그는 너른 마당을 둘러싸고 있는 여섯 채의 한옥을 지은 건설업자였다.

서촌과 북촌 일대의 도심 한옥은 1900년대 초·중반에 지은 집들이 대다수다. 당시 집장수들은 큰 한옥을 헐어 여러 채의 도심 한옥으로 쪼개 지었다. 공간을 압축해 ㄱ자, ㄷ자, ㅁ자로 짓는 도심 한옥이 이때 시작되었다. 시골에서는 안채, 별채, 사랑채 등 공간의 기능대로 분리됐던 한옥이, 도시에서는 작은 필지 안에서 한 채로 합쳐지는 변화를 맞게 됐다. 도시로 밀려드는 인구를 수용하기 위해서다. 체부동 너른 마당을 둘러싸고 고만고만하게 들어서 있는 여섯 채의 집도 원래 한 필지의 땅을 쪼개어 도심 한옥으로 작게 지은 것이다. 민 씨는 집을 짓고 공사를 위해 냈던 길을 수십 년간 갖고 있다가 결국 1990년대에 세금 체납으로 땅을 압류당했다. 물론 그 사이 신문에 질문한 대로 길을 팔거나, 건물을 짓기 위해 수소문했지만 개발은 불가능했다.

민 씨가 1960년대에 여섯 채의 한옥을 짓고 남은 길을 팔지 못했던 이유는 정부의 소방도로계획 때문이었다. 정부는 당시 너른 마당을 소방 도로로 정비할 계획을 갖고, 지도에 그림을 그려놨다. 정부의 계획에 따라 도로가 될 땅이었기에 민씨는 팔지도 개발하지도 못한 채 길을 소유하고 있었던 것으로 보였다.

소방차가 다닐 수 있는 소방 도로라면 꽤 넓어야 했을 터다. 교장 선생님 댁에서 땅을 골목길에 많이 내놨다는 말도 맞는 이야기였다. 길의 현 상태가 지적도보다 두 배 넓었다. 그러니까 너른 마당은 우리 집을 포함해 길을 둘러싼 집들이 지어지면서 내놓은 땅(10여 평)과 공사 때 낸 길(10.9평)로 이뤄졌다는 것이 확인됐다. 길이 아니라 너른 마당으로 불리는 이유이기도 하다. 큰 한옥을 허물고 여섯 채의 집을 지을 때부터 지금의 모습이었던 것이다.

다시 신문 기사로 돌아가 보자. 도로계획이 없어졌으니 이제 길에 건물을 지을 수 있느냐는 민 씨의 질문에 대한 서울시 건축지도과의 답은 이랬다.

종로구 체부동 ○○○-○은 소방도로계획선에 들어 있다가 지난 1967년 9월 23일자 서울시고시 76호로 도로계획선이 폐지된 곳입니다. 따라서 도시계획에 의한 자투리땅은 아닙니다. 다만 이 땅이 현재 사유지이기는 하나 인근 주민들이 통행하는 유일한 관습 도로로 이용되고 있어 현행법상 이를 폐지시키거나 변경시킬 수 없습니다. 이 땅을 찾으려면 도시계획 등에 의해 인근에 다른 통행 가로가 확보돼야 할 것입니다만 현재로서는 별다른 계획이 없습니다. 때문에 이 땅에 건축 허가를 내줄 수는 없으며 또 이 지역에서 건축을 하려면 대지의 최소 면적이 27평을 넘어야 합니다.

체부동 너른 마당은 관습 도로이고, 개발할 수 없는 땅이고, 길로 남아 있어야 한다는 것을 서울시가 못 박은 내용이었다. 다시 짚자면 너른 마당은 소방 도로로 계획됐다가 1967년 해제됐다. 기본적으로 소방 도로의 폭은 소방차가 지나다닐 수 있게 최소 4미터 이상이어야 하니 1975년도 이전부터 도로의 요건을 갖추고 있었다는 게 증명됐다.

이것만으로 충분할 듯했지만 우리는 더 나아가기로 했다. 당시 소방도로계획이 무엇인지가 궁금했다. 반세기 전 우리 동네에는 어떤 소방도로계획이 있었던 걸까. 구도심 한옥 동네의 가장 큰 걱정거리는 화재다. 소방차가 들어올 수 없는 골목길에 나무집들이 다닥다닥 붙어 있다. 화재에 취약할 수밖에 없다. 만약 한 집이라도 불이 난다면, 아찔하다. 대비책으로 골목길 초입에 소방 호스가 있는 소화전을 둔 게 전부다. 하지만 70~80대의 동네 어르신들이 소화전을 작동시킬 수 있을까, 늘 의문이었다. 지금 상황이 이런데 무려 반세기 전에 공공에서 이 한옥 동네에 소방 도로를 낼 계획을 했다니. 그 당시 정부는 동네 인프라 구축에 더 관심을 가졌구나. 감동적이었다. 우리는 기사에 나온 대로, 국가기록원의 관보를 뒤져 체부동 너른 마당의 소방도로계획선을 폐지시켰다는 서울시 고시 76호를 찾아보았다.

서울시 고시 76호는 체부동 일대에 계획됐던 도시계획 소로小路에 대한 변경 고시였다. 한마디로 도로를 만들겠다는 계획을 해지한다는 발표였다. 원래 계획은 해제 고시 5년 전인 1962년도 관보에 게시됐다. 건설부 고시 186호에 따라 소로 재정비를 한다는 내용이었다. 1962년은 너른 마당을 둘러싸고 여섯 채의 집이 지어진 해다. 건설부 고시 186호의 내용은 온라인에서 찾아보기 힘들었다. 블루는 서울시에 정보공개청구를 했다. 온라인 문서로 정리되지 않은 채, 종이 문서의 수기로만 남아 있는 내용이었다. 서울시에서 이 문서를 찾아 스캔해 블루에게 보냈다. 체부동 너른 마당을 6미터로 확장해 큰 길가까지 낸다는 계획이 명시돼 있었다.

즉 지금의 체부동 너른 마당은 집으로 막힌 4미터짜리 막다른 길이지만, 반세기 전 공공에서는 이 길을 폭 6미터의 소방 도로로 넓혀 큰 길가까지 잇는다는 계획을 세웠었다. 당시 건설교통부는 1962년에 이런 계획을 다듬어 발표했지만, 1967년 서울시가 이를 해지한다. 김현옥 서울시장 시절이었다. 김현옥은 '불도저 시장'으로 불렸을 정도로 서울의 굵직한 개발계획을 주도했던 이다. 그는 당시 한강변개발계획, 강남개발계획 등을 연이어 발표했다. 아마도 옛 동네의 작은 소방

도로를 정비하는 데 쓸 예산이 없었기에 체부동 너른 마당 소방도로계획도 철회했으리라는 게 우리의 추론이었다. 도시는 정치의 산물이다. 그렇게 체부동은 잊혔다. 2008년 서울시가 한옥 선언을 하면서 경복궁 서쪽에서 인왕산 기슭에 이르는 서촌의 한옥들이 주목을 받기 전까지 말이다.

그동안 서울시의 한옥 정책은 오롯이 경복궁의 동쪽 동네, 북촌에만 집중돼 있었다. 서촌의 경우 1990년대 초, 고도 제한을 완화하면서 한옥을 밀고 빌라가 많이 들어섰다. 인왕산 기슭에 가까운 누상동의 빽빽한 다세대·다가구촌이 이때 만들어졌다. 소방 도로도 없고 지자체가 길을 정비해 줄 생각도 없고, 주변에 빌라들이 불뚝불뚝 솟은 한옥 동네의 마지막 선택은 결국 아파트 재개발이었다.

아파트가 싫어 택한 서울 시골 동네의 사연은 알면 알수록 기막혔다. 아파트 단지의 경우 모두 갈아엎고 새로 짓느라 길의 역사가 끊긴다. 아파트 단지 이전에 어떤 동네가 있었는지 기억하는 이는 드물다. 하지만 옛 동네에서는 길의 역사가 이어지고 있었다. 방치되고 방치된 역사였다. 이 길을 다짜고짜 보존해야 한다고, 낭만적으로만 대하는 것은 안이했다. 보존하고 박제하면 도무지 살 수 없는 길이었다. 푸른 지구 방위대의 구호에 '투쟁'이 추가된 게 이쯤이었다. 이 길에 기대 살려면 싸워야 했다. 자나 깨나 투쟁, 횃불을 듭시다.

우리는 너른 마당과 관련된 모든 내용을 관공서 보고용 문

서로 정리해 2018년 2월 9일 종로구청에 민원을 넣었다. 요청 사항은 이랬다. "서울특별시 종로구 체부동 ○○○-○ 건축 행위에 필요한 진입로는 사유지이나 해당 진입로가 건축법상의 도로라고 판단되므로 이에 대한 검토를 요청드립니다." 덧붙여진 판단 근거와 판례, 옛 고시 등 첨부 문서를 합치면 100쪽이 훌쩍 넘는 방대한 문서였다.

이제나저제나 길의 소식을 궁금해하며 한 달을 보냈다. 그리고 2018년 3월의 어느 날, 블루에게 전화 한 통이 왔다. 종로구청 건축과였다.

"요청하신 대로 건축법상 도로로 그대로 적용해서 가도 될 것 같습니다. 자료가 워낙 알차서 저희도 보면서 공부했습니다."

우리는 맹지 문제를 이렇게 돌파했다. 체부동 너른 마당의 반세기 넘는 역사를 뒷조사한 결과 건축법상 도로로 인정받았다. 이제 너른 마당의 일부를 갖고 있는 길 주인의 토지사용승낙서 없이도 건축할 수 있게 되었다. 진택은 건축과 공무원이 웃으며 말을 전달했다고 했다. 딱딱하기로 소문난 이에게서 부드러운 웃음까지 끌어냈을 정도로 민원 문서는 흠잡을 데 없이 완벽했다. 옛집을 계약하자마자 밟은 지뢰 하나를 무사히 제거했다. 물론 지뢰는 하나만 있었던 게 아니었지만. 투쟁.

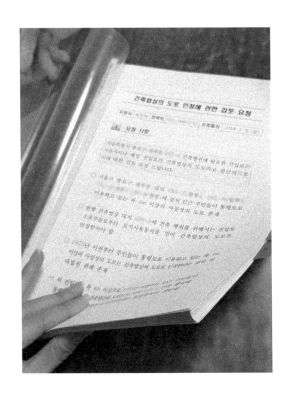

맹지 문제를 해결해 준 100쪽 넘는 검토 요청서.

내 땅이
사라졌다

60년 가까이 된 옛집에는 지뢰가 넉넉히 묻혀 있었다. 맹지 문제로 골머리를 앓고 있을 때 또 다른 지뢰가 발견됐다. 폭발력은 더 셌다. 땅 자체, 즉 크기의 문제였다. 설계사무소에서 줄자로 집 내부를 실측해 본 결과 땅이 생각보다 작다는 게 아닌가.

"실측해서 도면화했는데 생각보다 옆집에서 넘어온 부분이 많은 것 같아요. 지적 측량을 되도록 빨리 진행해서 제대로 된 면적을 확인해야 할 것 같습니다."

"헐, 얼마나⋯."

"대지가 81.4제곱미터인데 실제로 재보니 60제곱미터 정도인 것 같아요."

"아니, 이런 경우가, 땅이 어디로….."

"먹고 먹히는 관계는 이 동네에서 비일비재한데, 이 집처럼 심한 경우는 처음 봤어요."

그러니까 24.6평의 땅을 샀는데, 실제로는 18평이라는 이야기다. 줄자로 재보는 실측의 오차 범위를 고려해도 너무 심했다. 2017년 11월 30일, 이 전화 통보를 받은 날 신문에 적힌 그날의 운세는 '미움과 사랑이 교차하는 날'이었다. 사랑으로 감싸 안으려 했던 집에 대한 미움이 말 그대로 솟구쳤다. 우리 땅을 먹은 이웃집 어딘가에 대한 미움과 이런 복잡한 시골 동네에 살겠다고 마음먹었던 나에 대한 미움으로 주체하기 힘들 정도였다. 사랑하는 우리가 사랑하여 뿌리내리길 원했던 동네였는데. 오래된 동네의 텃세인 걸까, 땅이 우리를 거부하는 걸까. 체력과 정신력이 너덜너덜해진 우리는 우연히 지나가는 경구조차 하늘이 내린 위로인 양 붙들기 시작했다. 마치 이별 직후 듣는 모든 노래가 내 이야기인 것과 같은 상태가 됐다. 진택은 TV 광고에서 보고 잽싸게 찍어둔 "이미 끝나버린 일을 후회하기보다는 하고 싶었던 일을 하지 못한 것을 후회하라"와 같은 글귀를 절망하는 내게 보여주곤 했다. 그래, 우리는 적어도 하고 싶은 일을 하고 있으니 다행이다만, 왜 이렇게 고달픈 걸까.

우리 집의 경우 땅 모양이 반듯하지 못해 총 다섯 채의 집에 둘러싸여 있다. 이 삐뚤삐뚤한 땅에 지붕이 무너져 가는 집이 가득 들어서 있다. 우리 집은 마당도 실내 공간처럼 지붕을 덮어놓은 집이었다. 내부를 쟀는데 아무리 탈탈 털어도 18평이라니, 나머지 7평은 대체 어디로 사라진 걸까. 이웃집 중 어딘가가 우리 땅을 침범한 것이 분명했다.

오래된 동네의 땅을 살 때 이런 문제를 예방하려면 한국국토정보공사LX에 신청해 경계측량 및 현황측량을 하면 된다. 경계측량은 땅의 경계를 GPS 좌표로 찍어주는 것이고, 현황측량은 이 경계를 기준점으로 주변 집들이 어떻게 자리 잡고 있는지를 보여준다. 둘 다 하려면 비용이 150만 원가량 든다. 땅을 사기 전에 진행하기엔 부담스러운 매몰 비용이다. 통상적으로 땅을 사고 기존 건물을 철거한 뒤 새 건물을 짓기 전에 경계를 명확하게 하기 위해 거치는 절차다. 하지만 우리는 땅의 잔금을 치르기 전, 소유권이 채 넘어오기도 전에 경계 파악부터 다시 해야 했다. 이 집은 대체 어떤 집인가. 오래된 집의 공공 문서는 믿을 수 없었다. 만약 다섯 집 중 어느 곳이 우리 땅을 차지하고 있다면 이를 되찾기가 쉽지 않다. 새로 짓거나, 대공사를 할 때까지 기다리는 수밖에 없다. 담장을 내 땅에 세운 정도라면 협의해서 철거하고 이웃 땅 위에 다시 세우면 되지만, 집이 들어서 있는 경우라면 철거하라고 요구하기 어렵다. 내 땅을 무단 점거해 사용하고 있는 만큼 면적당 사용료는 받을 수 있다.

오래된 동네에는 이런 먹고 먹히는 관계가 비일비재하다. 그야말로 판도라의 상자다. 여는 순간 세월 속에 묵혀 있던 카오스가 쏟아진다. 체부동에 있는 어느 10평 한옥의 주인은 이웃집이 먹고 있는 1평 공간을 찾으면 나무를 심겠다고 했다. 1평은 숫자로 보면 작지만, 집 면적의 10퍼센트다. 종로의 어느 한옥을 산 이는 2층 한옥을 지어 상가로 쓰려 했는데 현황 측량을 한 뒤 계획을 접었다. 알고 보니 산 집이 남의 땅을 너무 많이 침범해 확장한 상태였다. 신축하면 집이 너무 작아진다. 눈으로 보기에 이 정도면 넓다 싶어 샀다가, 낭패를 당한 경우다.

차라리 내가 남의 땅을 먹고 있다면 이번 기회에 돌려주고 선을 명확하게 그으면 되니 속이라도 편할 테다. 그런데 주변 집이 다 차지하고 있는 상황이니 갑갑했다. 우리 집은 너른 마당을 낀 여섯 채의 집 중 가장 작은 집이었다. 이렇게 작은데 심지어 주변의 큰 집에 땅을 내어주고 있다니. 이렇게 자비로울 수가! 우리 땅을 돌려받으려면 대체 몇 집과 싸워야 하는 걸까. 햇살이 따뜻한 집에서 평온하게 살고 싶었는데 첫 삽을 뜨기도 전에 싸울 준비부터 해야 하다니. 절망적이었다.

LX에 측량을 신청했다. 2017년 12월 12일로 날이 잡혔다. 그날이 오기 전까지 우리는 서울시 3차원 공간정보시스템에 접속해 위성 지도에 나오는 집의 실물 면적을 매일 쟀다. 진택과 나는 집의 처마 선을 따라 마우스를 찍어가며 오른팔이

저릴 때까지 그리고 그렸다. 집아, 우리 집아. 누가 네 땅을 먹어 삼킨 거니? 그런데 위성 지도에서 처마를 따라 따본 면적은 등기부등본의 면적과 비슷했다. 조금 덜 절망적이었지만 나는 최악의 상황을 대비해 변호사와 상담했다. 맹지 문제와 더불어 땅 면적까지 온전치 못하다면 계약을 원래대로 진행해선 안 됐다. 아무리 우리의 꿈이 된 집이라도, 더 이상 사랑으로 감싸기 힘들었다.

아는 변호사는 고지의 의무를 다하지 않았다는 점을 들어 전 주인과 세게 싸우라고 했다. 계약을 파기하거나, 가격을 조정하라는 조언이었다. 볕 좋은 한옥에서 결혼해 살고자 했던 모든 꿈이 바스러지고 온통 싸울 일만 남았다는 생각에 속상했다. 무엇보다 내가 바람을 넣은 탓에 겪지 않아도 될 일을 겪고 있는 진택에게 미안했다. 그냥 남들처럼 아파트를 살걸, 왜 마당 있는 집에 살겠다고 아파트 담장을 넘어서서 이 고생을 한단 말인가. 퇴근 후 집에서 옛집과 관련된 일과를 정리할 때마다 슬픔이 차올라 울기 시작하는 나를 달래며 진택도 울었다. 그렇게 우리는 부둥켜안고 함께 우는 나날을 보내야 했다. "미안해 블루, 내 짝지야. 내가 평범하게 살던 당신을 이런 험지로 끌어들였어… 꺼이꺼이." 살이 쭉쭉 빠져 얼굴이 해골마냥 야위기 시작했다. 나도, 진택도.

측량 날인 12월 12일에는 눈이 펑펑 쏟아졌고, 무척 추웠다. 너른 마당은 경계측량을 위해 LX에서 나온 분들과 우리

측 사람들로 북적였다. 길에는 반세기 넘어 처음으로 경계점이 찍히기 시작했다. 확인해 보니 땅은 온전히 있었다. 주변에서 살짝 침범하긴 했지만 실측대로 7평이 사라지는 비극은 일어나지 않았다. 건축사무소에서 잘못 잰 모양이었다. 약 2주간의 소동은 눈과 함께 막을 내렸다.

돌이켜 보면 어떻게 이런 일을 겪었을까 싶다. 하지만 막상 내 일로 닥치면 도무지 객관적일 수 없다. 허둥지둥하게 된다. 그동안 숱하게 봤던 땅 살 때 주의할 점, 구도심에 구옥 살 때 주의점, 참고해야 할 문서 등을 땅을 보고 계약하는 순간까지 몽땅 잊어버리고 말았다. 순진한 마음은 게으름과 같다. 느슨했기에 구멍 난 결과를 마주할 수밖에 없었다. 초보여서 실수할 수 있다지만, 그 결과는 우리가 오롯이 책임져야 하니 무섭고 힘들었다. 누군가가 살이 쪽쪽 빠져 해골처럼 다니는 우리에게 "집 지을 때 고통 총량의 법칙이 있다"라며 "다만 처음부터 많은 문제가 밀어닥친 것뿐"이라고 위로했다. 우리는 그 말을 정말 믿고 싶었다. 이제부터 탄탄대로라면 괜찮다.

집을 지으면 어른이 된다고 한다. 늙는다고도 했다. 대체 어른이 되는 것은 무엇일까. 내 마음 같지 않은 세상을 떠올리다 든 생각이었다. 어렸을 때는 내가 보는 세상이 전부이니 그 안에서 자유롭게 내 마음대로 산다고 생각했다. 하지만 클수록 세상은 넓고 내가 얼마나 작은지를 알게 된다. 마음대로 할 수 있는 일도 작아진 나만큼 줄어든다. 어른이 된다는 것은 이 간극을 이해하게 되는 순간이 아닐까. 내가 할 수 있는 일보다 할 수 없는 일이 더 많은지도 모른다.

하지만 작은 나를 커다란 세상으로 기어이 던지는 것이 어른의 숙명이 아닐까 생각한다. 세상에 던져진 내가 나아가지 못하고 어느 순간 파묻혀 버려도 그냥 울고 있을 수만은 없었다. 엘라 휠러 윌콕스는 그의 시 「고독」에서 "웃어라, 세상이 너와 함께 웃으리라. 울어라, 너 혼자 울게 되리라"라며 뼈를 때리지 않던가. 우리는 두렵고 무서워도 딛고 나아가 집을 지어야 했다.

어느 날 잠들기 전에 진택이 말했다.

"집 짓기는 결국 마음 짓기인 것 같아."

집 짓는 과정에서 무수히 허물어지는 마음을 다시 지어 올리고, 그렇게 애써도 안 되는 일이 많다는 것을 알게 되는 것. 그러면서도 꿈을 꾸고 희망하며 살아가는 삶. 우리는 어쩌다 오래된 동네에서 한옥을 짓게 됐고 마음을 짓게 됐으며, 그렇게 어른이 되어가고 있었다.

'Made In 자이'의
세상

서울시 종로구 체부동에 있는 낡은 한옥을 산 뒤 우리는 272번 버스의 단골 승객이 됐다. 강북의 주요 대학가를 꿰듯 지나가 '대학 버스'라고도 불리는 이 버스는 연남동 집 근처 정거장인 사천교에서 체부동 인근 정거장인 사직동주민센터까지 이동하는 우리에게 빠른 발이 되어줬다. 땅 문제로 골머리를 앓고 있던 어느 겨울날에 우리를 태운 버스는 사직터널을 벗어나 고가 위를 달리고 있었다. 수도 없이 오갔던 길이다. 나와 진택은 맨 뒷좌석에 기대앉아 내 마음 같지 않은 세상을 절감하며 생각에 잠겼다. 그때, 고가 너머의 아파트 단지 '경희궁 자이'가 눈에 들어왔고 강렬한 '현타'가 왔다. 아파트 벽에 붙여진 글귀 'Made In 자이'가 날린 어퍼컷이었다. 바보야, 자이가 만든 세상에서 살았어야지. 이 글귀는 우리가 사는 삶터가 어떻게 만들어지고 있는지 정의하는 듯했다. 무모하게 아파트 단지 밖으로 나와버린 우리가 고달픈 것은 어쩌면 당연했다. 메이드 인 자이는 있지만 메이드 인 공공은 없지 않은가. 집 나가면 개고생이라는데, 요즘 세상에서는 아파트 단지 밖에 나가면 더 개고생이구나.

모두가 아파트를 원하는 세상이다. 아파트는 반세기 넘도록 우리 삶터의 표상이 됐다. 누구나 좀 더 나은 환경에서 살고 싶은 욕망을 갖고 있는데, 그걸 충족시켜 주는 것은 아파트 단지뿐이다. 아파트 단지에 담장을 치는 이유는 단지 밖보다 안이 좋아서다. 단지 안에는 동네에는 없는 놀이터가 있다. 헬스장을 비롯한 각종 편의시설과 잘 가꿔진 정원도 있다. 해외에도 아파트는 있지만, 우리처럼 담을 치는 경우는 드물다. 단지 밖의 도시 인프라가 안보다 좋기 때문이다. 밖이 안보다 더 좋은데 굳이 왜 담을 치겠나.

첫 단지형 아파트로 꼽히는 서울 마포아파트의 1960년대 항공사진을 보면, 아파트 단지 안과 밖의 격차가 적나라하게 보인다. 단지 안만 시원시원하게 길이 정비되어 있고, 밖은 다닥다닥 붙은 단층주택이 마구 엉켜 있다. 경제가 성장할수록, 도시로 인구가 몰릴수록 더 나은 주거지를 욕망하게 되는데 정부는 이를 민간의 아파트 단지 개발로 해결해 버렸다. 정부는 건설사들로 하여금 한강변 백사장을 매립해 아파트를 짓게 했다. 다 지어지기도 전에 입주민에게 집값을 받아 건설 자금을 충당했다. 전 세계에 유례없는 '선분양' 제도의 탄생이다. 1960~1970년대야 정부가 가난했고, 고속도로와 제철소 등을 지으며 국가 기반산업을 일으키는 데 돈을 쓰느라 국민의 삶터 정비에 신경을 쓸 여력이 없었다 치자. 하지만 반세기가 지나 이제 정부는 부유해졌는데, 국민의 삶터를 대하는 태도는 가난했던 시절과 다를 바 없는 것 같아 안타깝다. 삶터는 여전히 방치되고 있고, 낡은 삶터를 스스로 개선할 수 없는 주민들은 재개발 조합원이 되어 민간 개발에 나선다. 이것이 도시에서의 생존법이다. 더 나은 삶터에 살고 싶다면 다 밀고 아파트를 지어야 한다. 결국 아파트는 공공이 장려하고 민간이 주도한 주거환경개선사업의 결과물이다. 더 나은 집의 모델이 아파트뿐이니 아파트 공화국은 더 공고해질 수밖에 없다. 안타깝게도 공공에는 낡은 삶터를 제대로 정비하는 DNA가 없다.

아파트 선분양은 잘 정착해 지금도 2~3년 뒤에 지어질 집을 미리 분양한다. 아직 지어지지도 않은 집을 모델하우스에서 둘러보고 산다. 모델하우스에는 20평, 30평, 40평 등 평면별 집 내부만 있다. 이웃집도, 동네도 보이지 않는다. 그렇기에 오늘날 아파트 문화가 삭막하다고 한다. 지하 주차장에 차를 주차하고 엘리베이터를 타고 곧장 내 집으로 들어오는 삶이 이웃 간의 교류를 막는다는 것이다. 아파트가 마을 공동체를 파괴했다고도 한다.

　공동체를 파괴한 건 아파트인데, 추억 돋는 공동체는 오래된 동네에 자꾸 필요하다고 거론된다. 공공에서는 이제 싹 밀고 새로 짓는 재개발보다 재생을 하겠다고 나섰다. 재생의 첫 번째 방법론으로 거론되는 것이 공동체의 회복이다. 즉 마을 공동체를 부활시키겠다는 것인데, 오래된 동네에 살게 된 나는 이런 재생의 방법론이 마뜩하지 않다. 정말 공동체가 없어서 오래된 동네에 살기 힘든 것일까. '이웃님들이 참 좋으시구나' 하는 마음이 되살아나면 살기 좋은 동네가 되는 것일까. 아파트 단지만큼은 아니더라도 물리적으로 살기 좋은 주거 환경을 만드는 게 우선 아닌가. 조선시대에 묶여 있는 한옥 못지 않게 오래된 동네도 이웃집 숟가락 개수까지 알던 쌍팔년도 시절의 추억에 꽁꽁 묶여 있다.

　서울시 성북구 정릉3동 정든마을은 뉴타운 예정지였다. 하지만 박원순 서울시장은 재개발보다 재생을 해야 한다며, 취임 이후인 2012년부터 적극적으로 뉴타운 예정지를 해제하기 시작했다. 정든마을도 갑자기 재생하기로 결정됐다. "마을의 역사성을 보존하면서 공공에서 기반시설을 정비하고, 개인이 주택을 리모델링하여 주거환경을 보전·정비·개량하는" 사업이 추진됐다. 공공이 주도한 기반시설 정비를 살펴보니 마을 길을 아스팔트로 포장하고 벽화를 그린 수준이었다. 결국 동네 토박이는 떠나고 집들은 하나둘씩 헐리고 있다. 정부가 소정의 수리비를 지원한다고 해도 집을 고치려면 더 큰 돈이 들고, 집주인은 연로한 노인인 경우가 많다. 아파트를 기다리다 갑작스레 동네를 재생한다고 하니 살 수 없다며 집을 팔고 나간 이들의 집을 채 간 것은 집장수들이다.

이후 동네에는 1층에 벽 없이 기둥만 세우고 2층부터 4~5층까지 건물을 얹는 필로티pilotis 방식으로 지어진 빌라가 우후죽순 들어섰다. 빌라의 1층이 모두 주차장으로 바뀌자 좁은 골목길은 들어서는 차들로 엉켜버린다. 또 밤이 되면 1층이 모두 주차장이라 길이 어둡다. 동네의 경관은 확실히 나빠졌다.

그런데도 정부는 동네를 재생하겠다며 공동체 시설부터 만든다. 이른바 '앵커Ancho시설'이란다. 앵커시설을 새로 짓거나 있던 집을 고쳐놓고 주민들에게 운영을 맡긴다. 운영비는 지원해 줄 수 없으니 커피를 팔든 뭘 팔든 사이좋게 운영해 보시오. 낡은 삶터의 주민들은 공동체 회복을 위해 난데없이 카페 주인이 돼야 한다. 이런 앵커시설이 없어서, 공동체가 활성화되지 못해서 주민들은 아파트가 지어지길 원했던 걸까? 국토교통부가 전국의 5만 1,000가구를 대상으로 조사해 발표한 〈2020년도 주거실태조사〉에 따르면 주거만족도 1위를 차지한 것은 아파트였다. 아파트는 내부 방음을 제외하고 위생·방범·화재 안전·채광·환기 등 모든 면에서 압도적인 1위를 차지했다. 이사하고 싶은 집으로 아파트를 가장 많이 꼽았고, 아파트에 사는 사람의 경우 90%가 다음에도 아파트로 이사하길 희망했다. 아파트가 소위 공동체를 파괴하고도 대한민국 주거의 정답이 된 것은 주거환경개선의 산물, 즉 더 나은 환경을 갖춘 집이었기 때문이다.

정든마을에도, 서촌에도 도시재생사업의 일환으로 공동체 시설이 들어섰다. 서촌은 2019년 말 서울시의 도시재생활성화 지역으로 선정되었으며, 이에 따라 5년간 100억 원을 지원받게 됐다. 최근 서촌 대로변에 '경복궁 서측 도시재생지원센터'라는 공공 한옥이 하나 더 생겼다. 주민 공동 이용 시설임을 앞세우지만, 사실상 재생사업팀의 사무실이다. 서울시는 이 한옥의 매입 및 대수선을 위해 36억 원을 썼다. 몇몇 활동가를 위한 36억짜리 사무실을 지은 셈이다.

서촌에는 이미 여섯 채의 공공 한옥을 비롯해 공공이 소유한 건축자산이 많다. 하지만 평일 낮 시간대에만 운영되거나 주민들이 이용할 수 없는 곳이 대다수다. 경복궁 서측 도시재생지원센터의 경우도 주민들이 센터 내 회의실을 예약하려면 반드시 방문해야 한다. 이런 곳이 과연 주민들이 마음 편히 쓸 수 있는 열린 공간이 될 수 있을까? 주민의 필요와 관계없는, 누군가의 한 줄 치적이나 테이프 커팅식을 위한 공공건물만 자꾸 늘어나고 있다. 이를 운영하고 유지하려면 건립비의 몇 배가 되는 운영비가 필요하지만, 이 문제가 거론될 즈음에 책임질 이는 아무도 남아 있지 않을 터라 그 누구도 이 문제를 신경 쓰지 않는다.

여하튼 센터 온라인 블로그에 들어가 보니 주민공모사업을 한창 모집 중이었다. 선정된 사업들에는 드로잉 모임(450만 원 지원), 경복궁 서측 역사문화자원에 대한 인식 및 선호도 조사·분석(300만 원), 푸른 골목길 만들기(100만 원), 서촌 엄마 선생님(500만 원) 등이 있었다. 이런 사업이 마을 공동체를 부활시키고 살기 좋은 동네를 만드는 걸까. 이웃을 사귀는 것은 그래, 중요한 일일 테다.

하지만 서촌의 밤의 풍경은 어떤가. 인왕산에서 사직단으로 쭉 내려오는 필운대로 양옆은 거주자 우선 주차 구역이다. 이곳은 전쟁터다. 빈자리에 슬쩍 차를 대놓는 음식점 및 상가 방문객의 차로 홍역을 치른다. 우리는 차가 없어 밤마다 벌어지는 주차 전쟁에서 자유롭지만 동네 이웃의 이야기를 듣거나 주차 문제로 다투는 모습을 볼 때는 고개를 절레절레 흔들게 된다.

차를 빼달라고 했을 때 바로 목적을 달성하는 경우는 드물다. "30분 뒤에 갈 수 있다"라거나 "대리 기사를 불러야 한다"라거나 각종 이유로 지체되는 경우가 태반이다. 가장 최악은 술 취한 방문객이다. "여기가 네 자리라는 걸 증명해 봐"로 시작해 입씨름하다가 싸움이 난다. 결국 순찰차가 출동한다. 필운대로에 순찰차 경고등이 수시로 번쩍번쩍거린다. 현장에 가 보면 허리에 손 얹고 삿대질하며 싸우는 주차 전쟁이 한창이다. 오래된 동네에는 기본적으로 거주자 우선 주차 구역조차 턱없이 부족하다. 방문객이 주차할 곳은 전혀 없다. 그나마 있는 소규모 공공주차장은 모두 거주자 우선 주차장으로 운영된다. 먼 곳에 사는 친지가 차를 몰아 방문하면 길가에 불법으로 주차해 딱지를 끊기거나 저 멀리 세종문화회관의 주차장에 대거나, 어디 하나 빈자리 있나 해서 온 동네를 빙빙 돌아야 한다.

이런 이야기를 어느 도시 재생 전문가에게 했더니 그는 말했다. "아니, 이 동네가 그런 상태인 걸 알고 들어왔으면 참고 살아야지. 재생사업을 진행할 때 주민들은 주차장 확보니 뭐니 하며 해달라는 게 너무 많아. 이런 동네에 산다면 차를 갖겠다는 욕심을 버려야 하는 것 아닌가?"

변화하는 시대에 맞게 더 나은 삶터를 바라는 주민을 다짜고짜 욕심쟁이로 치부하고 훈계하는 재생 전문가 앞에서 나는 입을 닫고 말았다.

가장 기가 막힌 것은 정비되지 않은 골목길이다. 정부는 동네의 혈관과도 같은 길을 정비하는 데 인색하다. 길을 둘러싸고 개인들은 오늘도 치고받고 싸우고 있다. 체부동 너른 마당처럼 골목길이 개인 땅인 곳이 오래된 동네에는 널렸다. 동작구 신대방동에는 3,947제곱미터(1,196평)에 달하는 마을 길만 보유하고 있는 사람이 있다. 아스팔트로 포장되어 있고 심지어 차도 다니는 제법 너른 길인데, 이 길을 끼고 빌라들이 우후죽순 들어서 있다. 그 빌라들은 모두 맹지에 지어진 것이다. 이 길의 사연은 체부동 너른 마당의 문제를 해결하기 위해 행정소송 판례를 살펴보다 발견했다. 길 주인(원고)이 자신의 길을 끼고 있는 빌라의 신축 공사를 진행하지 못하게 소송을 걸었다. 결과는 패소였다. 길이 대지지만 사실상 오래전부터 도로로 쓰이고 있다는 이유에서 건축법상 도로로 인정받았다. 만약 길 주인이 승소했다면 집을 짓거나 고칠 때마다 길 주인의 허가를 따로 받아야 하니, 동네의 주거 환경은 더 열악해졌을 터다.

신대방동뿐 아니라 서울 전역에서 골목길 전쟁이 펼쳐지고 있다. 국가 공매 포털사이트인 '온비드'에 가면 경매로 올라오는 길을 종종 발견할 수 있다. 연남동의 한 골목길도 21억 원에 올라와 있었다. 대체 이 길을 누가 살까 싶지만, 이전에 그 길을 낀 동네는 재개발 구역으로 아파트 건설이 추진되던 곳이었다. 아파트를 분양받을 수 있는 지분으로서 가치가 있었던 것이다. 물론 재개발이 무산된 지금은 아무도 사지 않는 골칫덩어리 매물이 됐다. 결국 이런 길이 정비될 수 있는 유일한 방법이자 종착지는 아파트 단지밖에 없는 걸까. 그런데 이제 정부는 더는 아파트를 짓지 말고, 되도록 동네를 재생하자고 한다. 이런 길들은 어떻게 해야 하는 걸까. 더욱이 집을 정비하기조차 어려운, 화재에 취약한 좁은 길이 많은 옛 동네는 어떻게 해야 하는 걸까.

국가한옥센터가 속한 건축공간연구원에서 서촌 일대를 한옥보존지구로 묶는 경복궁 서측 지구단위계획을 위해 현장 조사를 실시했다. 이후 작성한 보고서에 체부동 골목길이 이렇게 묘사되어 있었다.

> 오래된 골목의 형상과 한옥들이 잘 남아 있는 대표적인 골목이다. 1912년 지적원도와 현재 지적도를 겹쳐보면, 전체적인 골목의 윤곽들이 이전 형태를 거의 그대로 유지하고 있음을 알 수 있다. (…) 또한 가운데 자리한 조금 넓은 폭의 골목마당은 1962년에 큰 필지가 분할되면서 생겨난 것이다. 다른 골목의 폭이 2미터 정도인 것에 비하여, 그 두 배인 4미터 정도의 폭으로 고추를 말리거나 김장철에 모여 김장을 담그는 등 주민들의 공동 마당과 같은 역할을 한 것으로 보인다. 차가 들어오지 않으므로 이곳 골목들은 매우 조용한 편이나 일부 다세대주택이 새로 지어져 몇 군데에는 차들이 들어오고 있다.

골목 마당, 즉 체부동 너른 마당은 주민들이 김장철에 모여 김치를 담그는 공동 마당으로는 쓰이지 않는다. 섣부른 낭만 금지. 옛 동네의 주민들이 좁은 골목길에 기대어 살게 하려면 현실에 맞게 정비해 주어야 한다. 하지만 공공이 제 할 일을 하지 않고 방치한 결과, 체부동은 또다시 재개발을 추진하고 있다. 2021년 10월 주민들은 재개발 찬성 동의서를 걷어 오세훈 서울시장이 추진하는 민간 재개발(신속통합기획) 공모에 지원한 상태다.

인기리에 방영됐던 TV 드라마 〈응답하라 1988〉은 당시 시대상을 그리는 드라마가 아니다. 우리의 이웃사촌 로망을 자극하는 판타지물이다. 드라마는 쌍문동의 한 골목길에 오손도손 모여 사는 사람들의 이야기를 담고 있다. 아이들은 어릴 적부터 학창 시절을 함께 보낸 골목 친구이고, 부모들은 모두 한 동네 사는 이웃사촌이다. 집에 숟가락이 몇 개인지까지 알고 지낸다. 사람 냄새 나는, 훈훈한 옛 동네의 풍경과 일화는 다시 보고 또 봐도 재밌다.

하지만 쌍문동 정환이네와 덕선이네와 선우네와 택이네가 이웃사촌이 될 수 있었던 것은 마을재생센터와 같은 앵커시설 덕이 아니라, 시간의 힘에 있었다. 오래 살아 속속들이 다 아는, 자주 보고 매일 보는 이웃집 사람들이기에 가능했다. 마을 공동체는 긴 시간을 토대로 쌓은 신뢰와 이해가 전제돼야 만들어진다. 그러니 아파트에서는 공동체가 실종됐다는 말도 틀렸다. 요즘에는 SNS를 통한 아파트 공동체가 더 활성화되어 있다.

오래 살아야 이웃사촌이 된다. 길도 정비되지 않고, 주차 문제로 매일 시비가 붙는, 그리하여 오래 살기 힘든 오래된 동네에는 공동체가 만들어질 수 없다. '선 정비, 후 공동체'가 맞다. 낡아 비틀거리는 동네에 공동체 시설부터 만들자고 주장하는 것은 지극히 낭만적인 시각이다. 혹은 공공이 해야 할 일을 공동체로 얼버무려 민간에게 또다시 미루려는 꼼수는 아닌지 의심스럽다. 공동체를 회복시키겠다며 벽화를 그리거나 보도블록 정도만 갈아 끼우는 것은 생색내기용 전시 행정일 뿐이다.

아파트 단지 밖을 나오니 감당하기 힘든 오래된 동네의 일생이 밀려들었다. 우리는 정신없이 방치됐던 동네와 골목의 일생에 말려들었고, 힘들고 외로웠다. 마당 있는 집에서 살고 싶었을 뿐인데 세상은 우리보고 투사가 되라고 했다. 여러분, 단지 밖은 이렇게 무섭습니다. 되도록 단지 안에서 평안하시길. 단지 밖으로 뛰쳐나온 철부지 은화와 진택은 언제나 투쟁. 블루와 그린, 오늘도 횃불을 듭시다.

골목길에서
수상한 냄새가 난다

횃불을 들고 집을 향해 전진해야 하는데 갑작스럽게 만난 옛 동네를 파악하는 데 오랜 시간이 걸렸다. 그런데 한 가지 문제가 더 있다. 혹시 오래된 동네의 골목길에서 퀴퀴한 냄새를 맡아본 적이 있는가. 이는 느낌적인 느낌이 아니라 사실에 기반한 현상이다. 하수관이 잘 정비되지 않은 오래된 동네에는 더러워진 물이 나가는 오수관과 빗물이 나가는 우수관이 하나뿐인 곳이 많다. 즉, 똥물과 빗물이 한 배관으로 같이 빠져나간다. 아무리 새집을 지어 별개의 관으로 뽑아도 골목길에서 하나로 합쳐진다. 길에서 퀴퀴한 냄새가 나는 이유다.

하수관은 인체의 혈관처럼, 집과 도시의 순환을 담당한다.

집도 사람처럼 늙으면 순환이 잘 안 된다. 마찬가지로 도시가 늙은 경우에도 순환 장애가 온다. 이런 집과 도시의 거대한 순환기를 깨닫게 한 것은 내 작은 콧구멍이었다. 집을 다 짓고 살던 어느 봄날 마당에 나갔는데 킁킁 구린내가 났다. 이럴 수가, 대체 어디서 이런 냄새가 나는 걸까. 나는 한참을 마당 구석구석 다니며 킁킁거렸지만 원인을 찾을 수 없었다.

어느 집에서 똥을 푸나, 길고양이가 어딘가 똥을 한 무더기 싸놨나. 그것도 아니면 집의 화장실 배관에 문제가 생긴 걸까. 이후 계속 집을 빙글빙글 돌며 원인을 찾았지만, 도무지 알아낼 수 없었다. 냄새는 아침이면 진하게 올라왔고, 오후에는 간간이 희미하게 풍겼다. 대기가 정체되는 아침이면 마당으로 냄새가 고이는 것이 틀림없었다. 아침에 일어나 마당에 나가 기지개를 쫙 켜면서 "오늘 하늘이 맑군!" 하며 날씨를 살피고 갓 내린 향긋한 커피 한잔 마시며 구름 구경, 하늘 구경을 해야 하는데…. 기지개를 켜기 전부터 콧구멍이 벌렁벌렁, 냄새를 맡고 있다. 이놈의 구린내가 우리의 소중한 마당 생활을 망쳤다. 이후 며칠 동안 나와 진택은 냄새 찾아 삼만 리를 하다가 결국 시공사에 SOS를 쳤다.

공사 팀이 와서 살핀 결과, 집 마당 귀퉁이에 물 빠지라고 낸 우수로가 냄새의 근원지라는 걸 알게 됐다. 앞마당 뒷마당에 물이 고이지 않도록 낸 구멍이 총 네 개나 되는데, 거기서 냄새가 올라온다고? 아니 빗물 빠지라고 낸 새 구멍에서 왜 구린내가 나는 거죠?

오래된 동네의 순환 문제는 심각했다. 앞서 말했듯 집 밖 골목길에는 물 빠지는 우수관로와 오물 나가는 오수관로가 구분되어 있지 않다. 즉, 변기 물과 빗물이 결국 길에서 하나로 합쳐져서 흘러나간다. 당연히 아파트 단지나 새로 조성하는 신도시 택지 지구에서는 두 배관을 분리해 뽑는다. 심지어 요즘 아파트 단지에는 정화조도 안 묻는다. 대신 각 지자체의 하수종말처리장으로 바로 연결하는 관을 설치한다. 오래된 아파트도 정화조를 폐쇄해 버리고, 처리장으로 바로 보내는 직관로를 설치하는 추세다. 아파트에서 나고 자란 '아파트 키드'인 친구들이 정화조 청소차를 모른다고 했을 때 놀랐던 적이 있다. 초록색 몸체에 파란 호스를 가진 청소차, 이른바 '똥차'를 본 적이 없다고? 대단지 아파트, 새로 조성되는 도시에서는 정화조가 사라지고 있으니 자연스러운 일이었다. 하지만 집집마다 정화조를 묻어둔 오래된 동네에서는 1년에 한 번씩 여전히 똥차가 방문한다. 매년 정화조 청소를 안 하면 벌금도 내야 한다.

오래된 동네에서는 정화조가 없어도 되는 직관로 공사는 언감생심이다. 빗물과 똥물이 빠지는 관조차도 분리하지 않은 곳이 태반이다. 우리는 집을 새로 지어 오수관과 우수관을 따로 뽑아냈지만, 결국 이 두 개의 관은 골목에서 하나로 합쳐지고 말았다. 집을 새로 지어 도시에 끼웠지만, 도시의 시스템이 여전히 낡아 퇴보하고 만 것이다. 그 결과 골목길의 낡은 배관에서 냄새가 역류해 집 마당에 있는 물 빠지는 구멍에서 악취가 났다. 동네의 순환이 제대로 되지 못한 결과다.

결국 마당 배수구마다 냄새 막는 트랩을 설치해 문제를 해결했다. 다행히 더는 냄새가 나지 않는다. 인프라가 후진 낡은 동네에서 쾌적한 삶을 살기란 쉽지 않다.

영화 〈기생충〉에서 주인공인 기택이네 가족의 가난을 상징하는 것은 냄새다. 기택이네가 살고 있는 반지하의 냄새. 환기가 잘되지 못하는, 순환이 잘 안 되는 공간의 냄새. 이를 가난함의 상징으로 표현한 감독의 연출력에 무릎을 쳤지만, 곧 슬퍼졌다. 오래된 동네에서 나는 특유의 냄새가 무엇인지 알기 때문이다.

골목길 배관 공사를 새로 하면 된다. 구청도 알지만 하지 않는다. 돈이 많이 들고 티가 안 나서다. 서울 도시 재생 1호 모델로 꼽히는 종로구 창신동과 숭인동만 해도 배관 공사를 하려 했더니 재생으로 책정된 예산보다 더 많은 돈이 드는 것으로 나타났다. 배보다 배꼽이 더 큰 셈이다. 우여곡절 끝에 10년에 걸쳐 천천히 배관 공사를 하는 것으로 결론지었다는데, 여전히 답보 상태다. 결국 재생은 티 안 나는 곳에 돈을 많이 써야 하는 사업이다. 단기간에 성과를 올려 티 내고 싶어 하는 정치인들이 애당초 선호할 수 없다. 그러니 진짜 해야 할 재생사업은 뒷전이 되고, 벽화 그리기처럼 주민 생활에 별 도움이 되지 않는 생색내기용 치장 사업만 수두룩한 것이 현실이다.

우리 집이 냄새 문제를 겪고 있을 당시 집 밖에서는 보도블록 공사가 한창이었다. 연말마다 지자체가 남은 예산을 털기 위해 보도블록을 뒤엎는 일이야 많지만, 때는 봄이었다. 봄날의 보도블록 공사라니. 서촌 필운대로를 주축으로 멀쩡해 보이는 기존 보도블록을 뒤엎고 새 돌을 깔았다. 새 돌은 넓찍한 화강석이다. '필운대로 보행 환경 개선 공사'로, 공사금액이 52억 원에 달했다.

길이 깨끗해지니 보기는 좋다. 하지만 이 돈을 정말 필요한 동네 배관 공사에 썼다면 어땠을까. 하긴 배관 문제는 양반이다. 놀랍게도 서촌에는 이제야 도시가스관을 묻고 있는 동네도 있다. 인왕산 바로 아래 옥인동 47번지 일대(옥인1구역)다.

도시가스 없는 삶을 상상해 본 적 있는가? 어떻게 난방하고, 요리할까? 옥인동은 우리 집이 있는 체부동과 마찬가지로 뉴타운 후보지였다. 낡아서 집을 밀고 다시 짓기로 했고, 재개발이 추진되면서 더는 손을 대지 않으니 동네는 오랫동안 폐허가 됐다. 2017년 박원순 서울시장이 직권으로 옥인동을 정비구역에서 해제하면서, 부숴야 할 동네가 갑자기 살려야 하는 동네가 됐다. 서울시가 재개발에서 재생으로 방침을 바꿨지만, 오랫동안 방치된 동네가 되살아나려면 시간이 걸릴 수밖에 없다. 지금도 옥인동에는 폐가가 수두룩하다.

이 무렵 나는 옥인동에 있는 어느 한옥을 대수선하는 현장에 들른 적이 있다. 특이하게도 마당 한복판에 기름통을 묻었다. 가스가 들어오지 않아 기름 보일러를 써야 해서 기름통을 묻는 거라고 전해 들었다. 서울 한복판 동네에서 일어나는 일이다.

이런 이야기를 신문 칼럼으로 썼더니 종로구에서 사실은 이렇다며 입장을 알려왔다. 종로구에 따르면 2020년 4월 기준으로 옥인동 47번지 일대에는 현재 도시가스가 공급되고 있다. 구체적인 내용은 이렇다.

옥인동 주거환경개선사업지 내 도시가스 공급을 공공사업으로 지정하여 추진하고 있으며, 도시가스는 현재 71세대에 공급 중입니다. 추후 도로 개설 사업과 병행해 약 30세대에 추가 공급할 예정입니다. 그 밖에 사유지 현황 도로 토지 소유자의 반대로 도시가스 공급이 어려운 세대에(세 개 동) 대하여는 지속적으로 토지 소유주를 독려하고 있으며, 주민 불편을 고려하여 부득이한 경우 사유지 도로 매입을 통한 도시가스 공급 방안도 검토 예정입니다.

바꿔 말해 2020년 4월 기준으로 옥인동 일대에는 도시가스가 공급되지 않는 집이 30가구나 있는 것이다. 현황 도로 토지 소유자의 반대로 도시가스 공급이 어려운 세 개 동의 가구 수를 더하면 더 많다. 이 경우 아마도 재개발을 위한 지분으로 길을 소유하고 있던 사람들이 길에 가스관을 묻는 것을 반대하고 있는 듯했다. 오래된 동네를 보존하고자 재생으로 방향을 틀었지만, 재개발을 원하는 사람은 많고 진통은 여전했다. 그동안 이 낡은 동네의 유일한 비전은 모두 밀고 새로 짓는 아파트 재개발밖에 없었던 터다. 돈 많이 들고 티 안 난다고, 공공이 오래된 동네의 순환 문제를 긴 세월 외면해 온 결과다.

이러니 오래된 동네에서의 삶은 지속 가능하기 어렵다. 오래된 동네는 아파트로 이사 가기 전 혹은 아파트로 재개발되기 전의 임시 거처에 불과한 걸까. 오래된 동네를 정말 재생하려면 삶터의 기본부터 다져야 한다. 퀴퀴한 냄새가 더는 나지 않도록 배관 공사를 하고, 지저분하고 위험한 전선을 땅속에 묻는 지중화사업을 하고, 차를 댈 수 있게 주차장을 만들어 주고, 불이 나도 안심할 수 있게 소방 도로를 일정 부분 확보해 준다면 더는 오래된 동네를 기피할 이유가 없다. 퀴퀴한 냄새가 더 이상 나지 않도록, 순환이 잘되도록 애쓰는 것이 진짜 재생이 아닐까. 모두가 아파트를 갈망하는, 아파트밖에 없는 도시가 되어가는 진짜 이유는 이런 어설픈 재생에 있다.

3장
집이 나에게
물었다

공간의 치수를 정하고
삶의 테두리를 정리하기

리더냐, 동무냐

집 짓기는 묘하다. 사적이면서도 공적인 경험이다. 나에게 꼭
맞는 집을 짓는다는 점에서는 지극히 사적인데, 이를 이루어
가는 과정은 공적이다. 공공이 정한 룰에 따라 공공의 허가를
받아야 하니, 아무리 내 집이라 하더라도 100퍼센트 내 마음
대로 짓기가 어렵다. 그래서 소통이 잘되는 건축가를 만나야
한다. 되는 것과 안 되는 것을 명확히 설명해 주고, 건축주의
내밀한 생활 습관과 취향을 고려해 이를 공간으로 구현해 내
는 이가 건축가다.

　우리에게도 집을 새로 짓든 고치든 건축가를 구해야 할 때
가 왔다. 흔히 한옥을 짓겠다며 목수부터 찾는데, 이는 잘못된

접근법이다. 1965년 건축사 제도가 도입된 이래 소송은 변호사, 치료는 의사, 약은 약사에게 맡겨야 하듯 집 짓기는 건축가의 일이 됐다. 한옥도 마찬가지다. 조선시대에는 대목수가 알아서 한옥을 지었겠지만, 건축법과 관련 제도가 정비된 오늘날에는 설계부터 인허가, 감리(공사 감독과 관리)에 이르는 모든 역할을 건축가가 맡는다.

그런데 한옥 건축가는 생소하다. 한옥 시장이 워낙 작은 탓에 한옥을 설계하는 건축가는 양옥보다 많지 않다. 우리는 한옥을 지은 경험이 있으면서 현대 건물도 설계하는 건축가를 찾았다. 우리가 원하는 집은 전통 한옥이 아니라 '현대 한옥'이어서다. 한옥韓屋의 한자 뜻을 풀이하면 '한국의 집'인데, 엄밀히 따지자면 요즘 한국의 집은 아파트다. 한국인이 가장 많이 살고, 주거 만족도도 1위인 집이다.

우리는 아파트만큼은 아니더라도 쾌적하게 살 수 있는 집을 원했다. 옛날식 한옥, 즉 할머니들이 한옥 하면 떠올리는 '살기 불편한 집'을 지으려는 게 아니었다. 목구조에 기와지붕이라는 한옥의 기본 틀을 유지하되 현대 생활에 맞게 지어진 집을 원했다. 다행히 한옥을 설계하는 건축가 중에는 양옥을 설계하는 이도 많다. 한옥 시장이 작아서 한옥 설계만으로 버텨내기 힘든 영향도 있겠지만 말이다.

단독주택은 건축가마다 스타일이 천차만별이다. 하지만 한옥은 디자인에 한계가 많다. 서울시의 한옥 지원금을 받으려면 '한옥 심의'를 받아야 하는데, 이 까다로운 절차를 거치면서 한옥은 모두 디자인이 엇비슷해진다. 전통성을 강조하며 규제하는 탓이다. 이를 따르지 않으면 지원금을 깎아버린다. 서울시의 심의 규정을 따르다 보면 결국 조선시대 한옥으로 회귀해야 한다. 다양한 소재가 발달한 현대에 오롯이 솜을 넣은 한복만 입고 겨울을 지내라는 것과 비슷하다.

그래서 우리는 한옥 관련 규제를 잘 돌파하면서 살기 편한 한옥, 세련된 한옥을 디자인할 수 있는 건축가를 찾았다. 우리 집의 경우 복잡한 땅 문제를 겪은 터라, 앞으로의 여정에는 노련한 전문가와 함께해야 할 것 같았다. 우리는 시작부터 지쳤고, 이 어렵고 낯선 길을 함께 헤쳐나갈 리더를 원했다. 특히 서울시의 25개 자치구 중 종로구는 건축 인허가 심의가 까다롭기로 유명하다. 우리는 여러 팀의 건축가를 만났고, 최종적으로 두 팀으로 좁혔다. 둘 중 하나를 선택하면 되는데, 이게 또 여간 어려운 일이 아니었다. 우리는 각 팀의 특징을 표로 요약해 살펴보고 또 살펴봤다. 현대 건축 경험, 한옥 경험, 현대 한옥 스타일, 한옥 지하 설계 경험, 종로구 심의 경험, 설계비, 공사비 구두견적, 설계-시공 분리 여부, 화법 및 소통, 뚝심 및 철학 등등은 물론이고 과연 우리 집에 공을 들여줄까 하는 것까지 따져보았다.

하지만 아무리 항목을 쪼개 살펴보고 논의해도 결정하기 어려웠다. 어쨌거나 추론의 결과일 뿐, 경험자들의 정확한 후기가 없는 탓이다. 하다못해 만 원짜리 티셔츠를 사더라도 각종 후기가 넘쳐나는 요즘 세상에 수천만 원의 설계비를 지급하고 수억 원대의 공사비를 들여야 하는 집 짓기에 관련 후기를 찾아볼 수 없다는 게 아쉬웠다. 티셔츠를 사는 사람은 많아도 집을 짓는 사람은 드무니 어쩔 수 없는 일이라 하더라도, '아님 말고' 정신으로 덜컥 선택할 수는 없는 노릇 아닌가. 집 짓기는 거의 전 재산을 쏟아붓는 일이다. 아님 말고가 안 된다. 아님 망한다. 돈은 돈대로 들고 고생은 고생대로 다 했는데 마음에 안 들면 어쩌나. 온라인 쇼핑으로 잘못 산 옷은 당근마켓에라도 내다 팔면 되지만, 집 짓기는 그럴 수 없다. 이러한 걱정은 프로젝트가 끝나는 순간까지 내내 우리를 떠나지 않았다.

건축주가 건축가 또는 시공사와 사이가 틀어져 원수가 되는 경우도 부지기수였다. 건축주와 건축가, 시공사의 입장이 각각 다르다 보니, 처음의 마음과는 달리 일하는 과정에서 부딪힐 수밖에 없다. 그래서 건축주의 입장을 잘 아는, 선배 건축주들의 경험을 들을 필요가 있다.

건축주의 후기 창구가 없는데 어떻게 하냐고? 후기를 듣겠다고 찾아오는 예비 건축주를 마다할 선배 건축주는 없다. 건축가와의 프로젝트가 성공적이었다면 감사하고 응원하는 마음에 더 나서서 이야기해 줄 것이며, 성공하지 못했다면 다른 건축주가 같은 시행착오를 겪지 않도록 열과 성을 다해 조언해 줄 것이다. 우리도 앞으로 미래의 건축주를 위해 적극적으로 그럴 참이다.

건축가는 리더이기도 하지만 그 못지않게 동무여야 할 것 같았다. 주변에서 건축주가 건축가와 이웃사촌마냥 격의 없이 잘 지내는 모습을 보며 '우리도 우리 집을 지어준 건축가와 저렇게 지내고 싶다'라고 소망했다. 그렇지만 우리는 초보 건축주였다. 집 짓기는 태어나서 처음이라 모든 것이 낯설었다. 동무도 좋지만 우리를 끌어줄 리더가 필요할 것 같았다.

A의 경우 우리를 처음부터 강하게 흔들었다. 대뜸 "이 집은 지하를 파야 합니다"라고 말했기 때문이다. 집을 살 때부터 새로 짓겠다는 생각은 하지 않았다. 집을 고치고 살 생각이었던 우리에게, 그는 너무나 새롭고 강렬한 키워드를 제시했다. '지하'라니. 북촌처럼 경사지도 아니고 주변이 우리 집을 빼고도 다섯 채의 집으로 둘러싸인 작은 땅에 정말 지하를 팔 수 있단 말인가. 더욱이 차가 들어올 수 없는 골목길에 있는 집이다. 새로 조성된 북한산 옆 서울 은평 한옥마을의 한옥들은 대부분 지하를 파서 현대식 공간으로 쓰고 있다. 땅도 길도 반듯하게 잘 정비되어 지하 공사를 하는 데 큰 어려움이 없기에 가능했다.

서촌에서는 어림도 없는 이야기 같았다. 그런데 건축가는 단호했다. 현재 13평 한옥은 두 사람이 살기엔 좁고 불편하다는 이유였고, 지하 공사도 가능하다고 했다. 그때 우리가 판단하기에 그는 리더형 건축가였다. 그는 우리가 고민하며 문지르고 문지르다 만든 뾰루지를 일시에 짜내는 듯한 화법을 구사했다.

"한옥도 보편적인 건축으로 바라봐야지 특수하게 접근할 필요가 없습니다. 한옥은 희귀한 집이어서 편견이 많아요. 과도한 칭송도 편견입니다. 한옥도 그저 사람이 짓고 사는 여러 집 중 하나예요."

그렇지! 옛날부터 있었던 나무집이라는 특수성이 있지만 한옥도 결국 사람이 사는 데 불편함이 없는 보통의 집이어야 지속 가능할 수 있다. 무엇보다 경험 많고 노련해 보이는 그가 제시한 건축비가 압권이었다. 평당 1,200만 원. 비싸서 놀랐냐고? 아니다. 싸서 놀랐다. 평당 1,200만 원의 건축비가 싸다고 느껴지는 한옥의 현실에 '현타'가 왔지만 사실이었다. 당시 뉴타운의 단독주택지로 반듯하게 조성된 은평 한옥마을에서도 평당 대략 1,400만~1,600만 원에 한옥을 지었다는 이야기를 들은 터였다. 그것도 수년 전의 이야기다. 만약 지하를 판다면 집의 전용면적은 13평에서 25평으로 확 늘어나고, 건축비는 3억 원이 든다는 계산이 나왔다. 서울시에서 한옥 지원금을 받으면 건축비 부담은 더 줄어드니, 결국 조금 비싼 양옥을 짓는 정도가 됐다. 심지어 붙박이장 등 인테리어 비용까지 포함한 금액이라고 했다. 해볼 만한 일이었다.

B는 아는 한옥 건축주가 추천한 분이었다. 그토록 갈망했

던, 후기를 확인할 수 있는 건축가였다. 그것도 심지어 별 다섯 개짜리 후기였다. 그를 추천한 건축주의 표현을 그대로 옮기자면 이렇다.

"그 친구는 구라를 안 쳐요. 있는 그대로 이야기합니다. 시공사 편도 절대 아니에요. 조목조목 따지며 설계한 대로 공사가 되게끔 끝까지 끈질기게 요구해서 시공사가 싫어하죠. 더군다나 젊은 사람들끼리 소통하면서 하는 게 더 좋지 않을까요?"

건축주가 할 수 있는 최고의 칭찬이었다. 거짓말을 안 하고, 시공사 편이 아니며, 철저하게 공사 감리를 하고, 소통이 잘되는 건축가. 하지만 B는 종로구에서 신축 한옥을 지어본 경험이 없었고, 지하를 파는 일에도 A만큼 확신하지 못했다. 그가 공정별로 따져서 대략 추산한 공사비는 평당 1,530만 원이었다. 붙박이장 등 인테리어 비용을 뺀 금액이었다. 우리는 이래저래 망설여졌다.

A와 B, 우선 건축비에서 큰 차이가 났다. 정확한 건축비야 시공사의 견적을 받아봐야 아는 일이지만, 건축가는 건축주의 예산을 고려해 그 안에서 프로젝트를 운영해 주는 사람이다. 건축가의 도면에는 어떤 재료를 써서 집을 지을지 빼곡히 적혀 있다. 문고리를 비롯해 작은 전구까지 어떤 제품을 쓸지 설계도면에 적어놓는다. 그런 건축가가 이탈리아산 대리석과 중국산 타일의 가격 차이를 몰라서는 안 될 일이다. 땅의 여

건 등을 고려하면 B가 제시한 건축비가 더 현실적이었지만 경험 많은 A의 말에도 솔깃했다. 더 싸게 지을 수 있다는데 믿고 싶었다. 다만 A의 설계비는 B보다 훨씬 비쌌다. 리더형인 A가 나을까, 동무형인 B가 나을까. 선뜻 결정하기 어려웠다. 아는 건축가들에게 자문을 구했다.

C건축가는 "예상치 못한 하자를 생각해 경험 있는 건축가를 택하는 것이 더 낫다"라고 조언했다. 부연 설명을 하자면 이렇다.

"집 짓고 나면 별의별 문제가 다 생기거든. 유지 관리 능력이 중요해. 하자는 시공사가 처리할 몫이지만, 건축가가 시공사를 컨트롤할 능력이 있느냐를 살펴봐야 해. 시공사야 문제 있으면 되도록 손을 안 보려 할 텐데, 이럴 때 도와줄 수 있는 건축가여야지. 시공사를 통제할 힘이 있다는 측면에서 A가 낫지 않을까. 아는 거래처도 많을 테니 문제가 생기면 '사장님이 가서 살펴봐 주세요'라고 부탁해서 해결할 수도 있고."

D건축가는 좀 더 직설적이었다.

"연륜이냐 젊은 패기냐인데, A가 안정적이고 편안한 벤츠라면 B는 튜닝한 스포츠카 정도? 내 입맛대로 고치되 설계비 부담을 낮추겠다고 한다면 B. 여유 있으면 A랑 하세요."

F건축가는 짧고 굵게 말했다.

"소통이 가장 중요해. B랑 해. 나라면 무조건 B."

결국 선택은 우리의 몫이었다. 우리는 연륜 있는 A가 제시한 지하 프로젝트, 저렴한 평당 공사비에 현혹됐다. 더욱이 우리는 초보자였기에 리더가 필요했다. A의 손을 잡았다. 그는 "평당 1,200만 원을 넘지 않는 걸로 생각하고 일을 하겠다"라고 재차 말했다. 우리는 설계비를 한 푼도 깎지 않았다. 설계비 흥정에 괜한 감정 소모를 하는 대신, 우리 집이 잘 지어질 수 있게 신경 써달라며 마음을 전했다. 그렇게 우리의 한옥 프로젝트는 고치는 것에서 새로 짓는 것으로 방향을 틀었다.

Q.
방이 좁아도 괜찮은가

21세기에 한옥을 짓고 살게 될 줄이야. 테라스나 마당이 있는 집을 찾아 떠난 우리의 여정이 한옥에 닿게 될 줄은 꿈에도 몰 랐다. 한옥살이에 대한 로망 같은 건 전혀 없었다. 오래된 동 네마냥 한옥은 불편한 점이 많은 집이다. 특히 한국인이 한옥 을 바라보는 잣대는 매우 엄격하다. 한옥을 옛 모습 그대로 두 고 새로운 시도를 하거나 조금이라도 변형하면 못마땅해한다. 약간만 달라도 중국풍이니 일본풍이니 하면서 이게 무슨 한옥 이냐는 말이 기어이 나온다. 한옥을 바라보는 시선은 사람이 살지 않는 문화재에 멈춰 있을 뿐이다. 생활공간으로서의 한 옥의 진화는 용납이 안 되는 듯했다.

우리는 한옥에서 한복을 입고 생활하고픈 마음이 전혀 없었다. 집에 오면 타임머신을 타고 옛날로 돌아간 것처럼 살 생각도 없었다. 골동품을 놓거나 고가구를 들이고 싶지도 않았다. 우리는 현대의 가구나 물건들이 한옥에 잘 어울릴지 더 궁금한 사람들이었다. 우리가 원하는 것은 살림집으로서의 현대 한옥이었다. 안방은 공간의 유연성을 위해 침대 대신 이부자리를 펴는 좌식 공간으로 쓸 생각이었지만, 나머지 공간은 모두 입식으로 쓰길 원했다. 다이닝 공간에 큰 식탁도 놓고 싶었다.

한옥에서 산다고 하면 사람들은 으레 화장실이 밖에 있거나, 심지어 부엌에 아궁이가 설치된 모습을 상상한다. 정말 그러냐고 묻기도 한다. 물론 그렇지 않다. 요즘 한옥에는 화장실이 실내에 있고, 가스보일러로 바닥 난방을 하며, 주방은 그 어느 집보다 현대식이다. 물론 지붕과 벽에도 단열재를 넣는다.

한옥과 아파트가 확연히 다른 점은 공간의 크기다. 나무집의 한계다. 특히 외국인들은 한옥에 있는 방을 보고 복도 같다고 한다. 방의 폭이 너무 좁기 때문이다. 과거에는 굵고 길고 튼튼한 나무가 귀하다 보니 집을 크게 짓기 어려웠다. 한옥의 기둥과 기둥 사이의 간격을 '칸'이라고 하는데, 조선시대에는 신분 계급에 따라 칸의 개수와 길이를 제한했다. 1440년 세종이 공포한 제2차 가사제한령家舍制限令에 따르면 대군의 집은 60칸, 일반 백성의 집은 최대 10칸까지 지을 수 있었다. 칸의 길이도 민가는 2.4미터를 넘을 수 없었다. 기둥 간격이 넓을

수록 그 사이를 잇는 수평 구조재인 보도 길어야 하고 이를 튼튼하게 받치려면 기둥도 굵어져야 한다. 결국 집 짓느라 나무를 헤프게 쓰지 않도록 규제하는 차원에서 한 칸 너비까지 정한 것이다.

폭 2미터 남짓의 방은 성인 남자가 누워 자기도 빠듯하다. 침대라도 놓으려면 한옥 방의 좁은 폭은 더더욱 걸림돌이 된다. 식탁을 놓으면 꽉 찬다. 덩치 큰 현대식 가구를 두기에 참 애매하다. 우리 선조들은 좁은 방을 더욱 유연하게 쓰기 위해 밥상을 펼치면 식당, 이부자리를 펼치면 침실이 되도록 했던 걸까. 물론 당시 선조들의 체구는 더 작았겠지만 말이다.

요즘은 옛날처럼 큰 나무를 구하기가 어렵지 않다. 나무를 수입해서 쓰기 때문이다. 칸 너비도 좀 더 넓어졌다. 은평 한옥마을의 경우, 신축 한옥은 방의 폭이 4미터에 이르기도 한다. 하지만 옛집을 고쳐 쓴다면 이 폭을 조정하기 어렵다. 그래서 기둥 바깥으로 벽체를 또 쌓아 실내를 확장하는 공사를 한다. 서촌이나 북촌의 한옥을 보면 요즘 생활에 맞게 집의 폭을 더 늘린 집이 많다. 확장을 했는지, 원래 벽인지 확인하려면 벽과 지붕이 닿아 있는 부분을 보면 된다. 지붕 서까래가 벽에 묻혀 있어 끄트머리만 겨우 보인다면 확장한 집이다. 내부 공간이 서까래를 잡아먹은 셈이다. 체부동 너른 마당에 있는 이웃 한옥들도 대다수가 기둥 밖으로 벽돌을 쌓아 실내 공간을 늘렸다. 이 늘어난 공간 위에는 기와가 아니라 다른 소재의 지붕을 얹어두어서, 방을 얼마나 넓힌 것인지 눈으로 확인할 수 있다.

물론 한옥을 신축하더라도 공간을 무한정 키울 수 없다. 수입산 나무를 쓰더라도 나무 자체의 한계는 여전하다. 무거운 기와지붕을 받쳐야 하는데 내부 공간을 무한정 늘렸다가는 지붕이 무너져 내릴 수 있다. 아니면 방 한가운데 이를 떠받치는 나무 기둥을 둬야 하니, 널찍한 공간을 확보하기 어렵다. 그래서 한국전쟁 이후 콘크리트 한옥 시대가 잠깐 열리기도 했다. 그야말로 콘크리트로 한옥의 나무 구조를 흉내 내서 지었다. 그런 한옥이 정말 있나 싶지만 둘러보면 많다. 청와대도 한옥 나무 구조 모양을 본떠 거푸집을 짜서 콘크리트를 부어 만든 콘크리트 한옥이다. 겉모습은 청기와를 올린 영락없는 나무 한옥인데, 콘크리트로 지어서 집의 폭이 넓고 크다. 광화문도 콘크리트로 만들었던 때가 있었다. 한국전쟁 당시 불탔던 것을 1960년대에 콘크리트로 복구했다가, 2010년에 다시 나무 광화문으로 바꿨다. 콘크리트 광화문의 일부가 서울역사박물관 마당에 전시되어 있다. 나무 기둥 위에 올라가는 복잡한 공포栱包 구조 역시 거푸집을 짜서 콘크리트를 부어 구현했다. 여기에 단청까지 칠해서 멀리서 보면 정말 나무 구조 같다.

지하를 파자는 제안이 솔깃했던 이유는 오래 살고 싶어서다. 아무리 큰 땅에 짓더라도 한옥의 공간은 좁은 데다가 집도 작았다. 이 집을 산 이후 지인들은 "여기서 평생 살겠다는 생각을 버려야 한다"라며 '평생'이라는 무게감에서 벗어나라고 조언했다. 집 짓기에 가볍게 임하라는 뜻이었지만, 그동안 우리의 서울살이는 2년짜리 전세나 월세였기에 무엇보다 '평생'이라는 말이 절실했다. 평생 살 수 있는 한옥이 되려면 우리는 온전한 한옥살이를 위한 보조 공간으로 지하가 필요하다고 생각했다.

한옥에서 가장 부족한 것은 수납공간이다. 좁은 한옥 방에 붙박이장이라도 둘 경우, 방은 더더욱 복도가 되어버린다. 아파트에 살다가 은평 한옥마을로 이사한 2층 한옥 주인장도 "이 집 면적이 아파트보다 더 크지만, 이사 올 때 짐의 3분의 1만 가지고 왔는데도 수납하는 데 애를 먹었다"라고 전했다.

우리는 꼭 필요한 것만 사고 되도록 소유하지 않으려는 미니멀리즘을 지향하지만, 마트에서 원 플러스 원 제품을 사고 싶어도 살 수 없는 집에서 살고 싶진 않았다. 선택할 수 없는 삶보다 선택할 수 있는 삶을 살길 원했다. 따라서 널찍한 지상 공간을 위해, 지하를 파서 수납공간을 넉넉하게 갖춰야겠다고 결심했다. 또한 소파 등 원하는 가구를 들일 수 있는 넓은 공간을 확보하고 싶었다. 현대적인 지하 공간이 있는 '벙커 한옥'의 꿈. 이 꿈이 우리를 그 어렵다는 오래된 동네 신축 공사의 길로 이끌고 말았다. 물론 또 다른 고생길의 시작이었다.

방은 몇 개가 필요할까

대학 친구 A는 세종시의 30평대 아파트에서 살고 있다. 대학 시절 약 9개월 동안 아메리카 대륙 종단 여행을 함께하며 소위 죽을 고비를 몇 차례 넘기기도 한 전우 같은 사이다. 그가 홀로 사는 집은 컸다. 베란다까지 확장한 집이라 40평대 아파트나 다름없었다. 그가 세종시에 자리 잡을 당시, 세종시에는 아파트 전세 매물이 넘쳐나 풀옵션 원룸과 임대료 차이가 별로 나지 않았다. 집을 아예 옮기기보다 주중에만 머물 거처를 찾았던 공무원들은 아파트보다 원룸을 원했다. 텅 빈 아파트를 채우기 위해 각종 가전제품을 사는 것이 부담됐기 때문이다. 그 덕에 A는 저렴한 임대료를 내고 넓은 아파트에 살게 됐다.

방에 갇혀 사는 나로서는 A가 이 방 저 방 옮겨가며 살지 않을까 싶어 "이 친구, 정말 호사스럽게 사는구먼"이라고 말했다. 하지만 직장 일로 바쁜 A는 안방과 거기에 딸린 옷방과 화장실, 주방만 오가며 산다고 했다. 방을 다 쓰기엔 청소하기 힘들다나. 나는 A네 아파트에 놀러 가서 집주인과 TV를 보며 치킨을 뜯고 맥주를 마시다 안방 화장실을 쓰고, 안방에서 자고 다음 날 서울로 돌아오곤 했다. 그러니까 베란다를 확장해 40평이나 다름없는 넓은 아파트에 놀러 가서는 안방에서만 지내다 오는 것이다. 안방 방바닥에 앉아 친구는 "30평대 아파트라고 왜 방이 꼭 세 개여야 하지? 차라리 방을 하나 없애고 큰 욕조가 딸린 욕실이 있으면 좋겠는데"라며 치킨을 뜯고, 나는 "방을 하나 없애고 넓은 테라스가 있으면 좋겠다" 하며 맥주를 마시곤 했다. 그렇게 세종시의 한 아파트로 떠나는 '안방 여행'은 서울로 돌아오는 귀갓길 KTX 안에서 곱씹을 만큼 여운을 남겼다. 이건 뭐지, 세종시가 아니라 서울 친구네 원룸에서 자고 온 이 기분은…?

한국의 아파트는 서울이든 세종시든 간에 한결같은 거주감居住感을 제공한다. 면적에 따라 방 개수만 다를 뿐, 평면 구성이 똑같기 때문이다. 이를테면 20평대 아파트는 방 두 개, 30평대 아파트는 방 세 개, 40평대 아파트는 방 네 개다. 요즘에는 베란다를 확장하는 것이 가능해서 20평대 아파트도 방세 개인 경우도 많다. 기존의 방 두 개 면적으로 작은 방 세 개를 만들고는 방마다 딸린 베란다를 확장해 방 개수와 면적을 늘리는 식이다. 나머지는 거실, 다이닝 공간과 주방이 합쳐진 'LDK Living Room, Dining Room, Kitchen'라 부르는 평면 구성을 가진다. 방이 두 개면 '2nLDK', 방이 세 개면 '3nLDK'라고 부른다. 이런 식으로 모든 아파트를 설명할 수 있다. 일본의 주택 공급 방식을 따른 결과다.

박철수 서울시립대 건축학부 교수의 저서 『아파트』에 따르면, 이러한 아파트 구성에 청약예금제도와 국민주택기금 등 정부의 주택정책이 더해져 아파트 면적은 몇 가지 유형으로 정형화됐다. 청약저축 예금액에 따라 일정 규모의 주택을 분양 신청할 수 있게 청약제도를 마련했기 때문이다. 반찬 가짓수가 많아지면 밥상 차리는 엄마가 힘들어지고, 일이 많아지는 것과 마찬가지다. 결국 한국의 아파트 면적은 공급자의 편의대로 전용면적 60제곱미터, 85제곱미터, 102제곱미터, 135제곱미터와 같은 식으로 획일화됐다. 박철수 교수는 "주택공급제도와 법령이 아파트의 단계적 규모(전용면적)를 결정했고, 평면 구성은 핵가족을 전제하는 'nLDK 방식'을 따르다 보니 규모별 평면은 거의 동일한 하나의 유형으로 수렴 및 고정될 수밖에 없었다"라고 설명한다. 집이 크건 작건 아파트 평면이 비슷해진 이유다.

획일화된 집에서 살아가는 상황에서, 방 개수가 가지는 의미는 상당하다. 사는 공간의 크기는 자산 규모를 짐작할 수 있게 한다. 강남이냐 강북이냐에 따라서도 차이가 나겠지만, 같은 동네라면 방 두 개짜리 20평 아파트보다 방 세 개짜리 30평 아파트가 비싸다. 집 짓는 동안 "돈 많네?"에 이어 "방이 몇 개야?"라는 질문을 두 번째로 많이 받았다. 정말 모두 한결같이 우리에게 물었다. "방은 몇 개야?"

이러한 질문은 공급자 위주의 아파트 공간이 만든 것이다. 아무리 다양한 라이프스타일을 갖고 있어도 이 똑같은 집에 맞춰 살아야 한다. 아파트는 면적에 따라 방의 개수가 정해져 있고 이를 바꿀 수 없다. 대다수 아파트가 위에서 내려오는 하중을 내부의 벽이 지지하는 '벽식 구조'로 지어지는 탓에 허물 수 없다. 기둥부터 세우고 이 기둥 사이에 벽을 채우는 '기둥식 구조'로 집을 지으면 기둥이 하중을 지지하기 때문에 라이프스타일에 따라 벽을 허물어도 된다. 최근 들어 생애 주기에 맞춰 필요에 따라 벽체를 허물고 공간을 바꿀 수 있게 기둥식 구조로 아파트를 짓자는 논의가 활발하지만, 벽식 구조보다 공사비가 더 비싸다. 더군다나 기둥식으로 지으면 벽식보다 층고가 더 높아져서 같은 높이로 짓는다고 할 때, 분양할 수 있는 가구 수가 줄어든다. 즉, 사업성이 떨어진다. 이러니 조합이든 시공사든 기둥식을 택하지 않는다. 시장의 법칙이 이러하니 공급에 맞춰 살아야지, 내가 원하는 대로 바꿀 수 없다.

즉, 내 친구 A는 30평대 아파트에서 방을 하나 없애고 커다란 월풀 욕조가 있는 욕실을 만들 수 없다. 내가 원하는 대로 방 하나를 테라스로도 바꿀 수 없다. 하지만 우리 집은 공급자가 만들어 제공하는 집이 아니라, 수요자인 우리가 만드는 집이다. 방 개수를 정하는 것은 집의 면적이 아니라, 우리의 필요에 따른 것이었다. 방을 세 개 둔다면 방마다 분명한 쓸모와 필요한 이유가 있어야 할 것이다. 방을 하나만 둔다면 그 또한 우리의 필요에 따라 정해진 것이리라.

집을 설계하기 전에 건축가로부터 질문지를 하나 받았다. 질문은 총 열아홉 개였고, 건축주의 라이프스타일과 취향을 파악하기 위한 것이라고 했다.

⑴ 앞으로 지어질 집에 살게 될 가족 구성원은 몇 명인가요?

⑵ 각 가족 구성원들이 집에서 보내는 시간은 하루 몇 시간 정도인가요?

⑶ 가족 구성원들은 어떤 취미 생활을 하고 있나요?

⑷ 앞으로 지어질 집에 필요한 방의 개수와 종류가 어떻게 되나요?

⑸ 보유하고 있는 차종 및 수량은 어떻게 되나요?

⑹ 필요한 창고 공간의 규모는 어떻게 되나요?

⑺ 각 공간의 용도를 무엇으로 생각하고 있나요?

⑻ 개인 소지품 및 가구의 종류가 어떻게 되나요?

⑼ 반려동물과 함께 살고 있거나 함께 살 계획이 있나요?

(이하 생략)

가장 답하기 어려운 것은 4번, 방의 개수였다. 방이 몇 개나 필요할까? 욕심내자면 끝도 없을 것이다. 특히 폭이 좁은 한옥의 경우 까딱하다가는 방으로 꽉 찬 집이 될 수 있었다. 건축가를 탐색하는 단계에서 만났던 어떤 건축가는 "한옥을 설계하면서 가장 어려운 점은 건축주가 방 개수에 집착할 때"라고 했다.

"한옥의 기본 틀이 있고 정해진 모듈이 있는데, 현대 생활에 필요한 물건들 역시 기본 치수가 정해져 있잖아요. 침대라든가 소파, TV 등을 방에 놓겠다고 하면 점점 어려워지죠. 방 크기도 어느 정도 확보돼야 하는데 방 두 개에 주방에는 ㄱ자 싱크대를 놓겠다고 하면, '이 모든 걸 좁은 공간에 어떻게 집어넣지?' 하는 생각에 머리가 지끈거리죠."

더욱이 방의 기능까지 생각하면 더 어려운 문제였다. 자는 방만 방이라고 해야 할지, 다이닝 공간과 옷방도 방이라고 해야 할지. 따지고 보니 '방'이라는 공간은 단박에 정의 내릴 수 없는 애매한 공간이었다. 우리에게 딱 맞는 집을 지으려면 방에 대한 정의부터 내려야 했다. 우리는 일단 잘 수 있는, 벽으로 구획된 공간을 방이라 정의했고, 방의 개수를 묻는 질문에 '1+1'이라고 썼다. 안방은 꼭 있어야 하고, 그 외 하나 정도 있으면 좋고 아님 말고라는 의미였다. 되도록 벽으로 가로막히지 않은 트인 공간을 원했다.

우리가 결혼에 조급하지 않았던 것은 '아이 낳기'라는 생물

학적 데드라인에 쫓기듯 살지 말자고 결의했기 때문이다. 나의 엄마 원효숙 여사는 우릴 보고 "이기적"이라고 수차례 질타했지만, 아이를 낳는 것은 과연 이타적인 일인지 이해하기 어려웠다. 가정의 평화를 위해 엄마한테 더는 따져 묻지 않았지만. 어쩌면 엄마 말대로 '이기적인' 우리는 그 누구보다 우리가 먼저였기에 '우리 방+1'이라고 적었다. 나중에 건축가는 우리가 방 두 개라 적지 않고, 1+1이라고 적은 것이 무척 흥미로웠다고 전했다.

집에는 숱한 질문과 이에 대한 답변이 담겨 있어야 한다. 우리가 사는 집은 이런 질문에 대한 답의 총합이다. 하지만 이렇듯 질문하고 답하는 일은 대체로 익숙하지 않다. 방 세 개짜리 아파트라면 하나는 부모 방, 하나는 아이 방, 하나는 옷방 겸 서재. 이런 식으로 배분하는 삶에 익숙해져서 이게 정말 필요한지 아닌지를 정하기란 영 쉽지 않다. 특히 원하는 대로 공간을 만들 수 없는 작은 땅의 한계 탓에 우리는 실오라기 같은 군더더기조차 없도록 우리에게 정말 필요한 공간을 무수히 발라내고 발라내야 했다. 나와 그 모두 40년 동안 고민해 본 적 없는 이슈였다. 다행히도 그런 건축주는 우리만이 아니었고, 건축가는 건축주의 기호를 알아내기 위해 다양한 방법을 마련해 두었다. 젊은 건축가 그룹 '푸하하하프렌즈'는 마치 시험지처럼 질문지를 만들어 작성하게 한 후에 점수를 매기기도 한다. 물론 학교 시험지에서는 볼 수 없는 질문이 가득하다. 가령 "나에게 집이란? 40자 이내로 서술하시오"(10점), "퇴근 후 나의 동선을 순서에 따라 배치하시오"(3점)와 같은 질문들이다.

일본의 디자이너이자 무인양품의 아트디렉터인 하라 겐야가 2017년에 한국을 방문했을 때 나는 그를 만나 인터뷰했다. 그는 2011년 도쿄에서 "집을 통해 디자인하고, 행동하자"라는 슬로건을 달고 '하우스 비전'이라는 프로젝트를 론칭하기도 했다. 나는 인터뷰의 마지막 질문으로 그에게 좋은 집이란 무엇인지 물었다. 그 전까지 거침없이 답하던 그가 한참을 고민한 끝에 한 대답이 지금도 생생하다. 집 짓는 동안 우리에게 큰 용기를 준 말이기도 했다.

"역시 자부심을 가질 수 있는 집이 제일이 아닐까 싶습니다. 안정감을 주는 집이죠. 비싸야 좋은 집이 아니라 내 의지로 선택한 집이자 작은 부분까지 (직접) 결정한 집이 좋은 집이라고 생각해요. 스스로 납득할 수 있는 집에 살 때 자부심과 확신을 가질 수 있다고 봅니다. 마음에 안 들거나 원하지 않는 집에 살면 불안정한 삶을 살 수밖에 없잖아요."

내 몸에 꼭 맞는 맞춤옷 같은 집이 좋은 집이라는 말이었다. 우리는 리폼 정도가 아니라, 우리 삶에 꼭 맞는 집을 짓기 위해 맨땅에서부터 시작했다. 하지만 매 순간 늘 불안했다. 우리의 다름이 틀림은 아닐까. 오답 노트를 쓰고 있는 거라면 어쩌나. 내가 나를 제대로 알기란 참으로 어려운 일이었고, 나와 진택은 수시로 흔들리고 혼란에 빠졌다.

고쳐 쓸까, 새로 지을까

한옥을 새로 짓기로 결정했지만, 자꾸 '대수선'이 우리의 발목을 잡았다. 대수선이란 말 그대로 크게 고쳐 쓰는 것으로 기둥이나 보 같은 주요 부재를 세 개 이상 바꿔 리모델링하는 것을 말한다. "끝날 때까지 끝난 게 아니다"라는 말처럼, 신축과 대수선의 갈림길은 수시로 나타났다.

원래 집을 고쳐 살려다 지하 공간에 꽂혀 신축하기로 방향을 바꾼 상황이었다. 그러니 공사 비용은 늘어나는데, 잃게 되는 면적이 꽤나 많았다. 오래된 동네에서 집을 새로 짓지 않고 외형을 유지한 채 수선만 하며 사는 까닭을 알게 됐다.

법이 바뀌면서 집을 새로 지을 경우 집 면적이 이전보다 줄어들었다. 크게 두 가지 이유에서인데, 우선 '골목길' 때문이다. 앞서 말했듯, 건축법상 땅이 4미터 도로를 인접하고 있어야 건축할 수 있다. 만약 4미터보다 좁은 골목길에 면한 집이라면, 자기 땅 일부를 도로로 내놔야 새로 집을 지을 수 있다. 골목길이 많은 동네에 신축 건물이 있다면 유심히 살펴보자. 새로 지은 건물이 오래된 옆집보다 쑥 들어간 걸 확인할 수 있다. 새 법을 지키자면 길은 넓어지고 집은 작아진다. 여기에 민법에서 규정하는 '반 미터(50센티미터) 이격 기준'까지 적용해야 한다.

민법 242조에 따르면 "건축물을 축조함에는 특별한 관습이 없으면 경계로부터 반 미터 이상의 거리를 두어야" 한다. 즉 땅의 경계선에서 0.5미터 안쪽에 외벽을 세워야 한다. 경계선을 둘러싼 분쟁이 많다 보니 이를 원천봉쇄하겠다며 이쪽저쪽 다 0.5미터를 떼라고 민법에 명시해 놓은 것이다. 땅 경계선으로부터 0.5미터까지를 일종의 분쟁 지역으로 보는 셈이다.

하지만 오래된 동네에는 이 법이 생겨나기 전에 지어진 집들이 많다 보니, 그야말로 집들이 다닥다닥 붙어 있다. 일명 '맞벽집'이다. 심지어 벽체 하나만 두고 두 집이 붙어 있는 경우도 있다. 만약 이렇게 붙어 있는 두 집을 허물고 각각 신축을 한다면 0.5미터 규정 때문에 집과 집 사이에 1미터 간격의 틈이 생기게 된다. 붙은 집들이 만들어 내는 나름의 경관이 있는데도, 새로 짓기만 하면 개구멍처럼 집 사이에 구멍이 뻥뻥 뚫리게 된다. 이 때문에 오히려 경관을 해친다는 지적이 일었다. 유럽에 가면 길 따라 다닥다닥 붙어 있는, 일명 '로하우스row house'라 불리는 집을 흔히 볼 수 있다. 일종의 저층 연립주택인데 단독주택보다 밀도가 높아 도심에서 인기였다. 미국 드라마 〈섹스 앤 더 시티〉에서 주인공 캐리가 사는 뉴욕의 집 역시 옆집과 벽이 붙어 있는 일종의 로하우스다. 하지만 한국에서는 건축법 탓에 이런 경관을 지속적으로 유지하기 어렵다.

2012년 당시 국토해양부는 주거지역에도 건축물을 0.5미터 이내로 붙여 지을 수 있게 건축법을 바꾸었다. 맞벽집의 경관을 유지하기 위해서 내린 결정이다. 법적 근거는 마련됐지만, 실제로 이를 적용해 짓는 경우는 드물다. '이웃집과의 합의'가 있어야 한다는 단서 조항을 달았기 때문이다. 개인 간의 합의는 녹록하지 않다. 가족 간에도 합의를 보는 것이 쉽지 않은데, 하물며 잘 모르는 옆집의 동의를 받으라니. 현실과 동떨어진 법 구절에 불과하다. 서촌이나 북촌처럼 지자체장이 지정한 한옥 밀집 지역의 경우, 옆집의 동의 없이도 맞벽 건축은 가능하다. 하지만 이 경우 반드시 일반 목재가 아니라 화재에 강한 목재를 써야 하는데, 나뭇값이 무척 비싸 사실상 할 수 없다.

우리 집의 경우 골목길이 이미 4미터라 길의 폭을 넓히기 위해 땅 면적을 손해 볼 일은 없었다. 하지만 우리 집에도 민법의 0.5미터 떼기가 적용됐다. 신축할 경우 전체 땅 둘레에서 0.5미터 안쪽에 지어야 해서 지상 한옥 면적이 상당히 줄어들었다. 신축으로 지하가 생기는 대신 지상 면적이 작아진 것이다.

2018년 1월 11일, 네 개의 평면도가 담긴 건축가의 1차 계획서를 보자마자 우리 앞에는 신축과 대수선의 갈림길이 두둥, 다시 나타났다. 건축가를 선택할 때만 해도 신축에 지하를 파기로 확고하게 다짐했는데 말이다. 건축가가 제안한 네 개의 안은 ㄷ자 한옥을 기본 틀로 두고 공간 배치를 달리한 구성이었다. 한옥의 건축면적은 34.92제곱미터(10.56평), 지하면적은 43.02제곱미터(13.01평)였다. 13평 한옥을 신축하면 10.56평(계단 면적 제외)으로 줄어드는 셈이다. 대지 면적은 81.4제곱미터(24.62평)인데 집을 새로 지으면 10평 한옥밖에 못 짓는다는 게 놀라웠다.

0.5미터 이격 규정을 따라야 하는 데다가, 땅의 경계선 꼭짓점이 열여섯 개에 달하는 삐뚤빼뚤한 땅 모양 덕분에 엎친 데 덮친 격으로 집이 작아졌다. 한옥은 직선의 집이다. 곡선으로 지을 수 없다. 삐뚤빼뚤한 땅 모양에 맞춰 유연하게 집의 모양을 만들 수 없다. 도심 한옥은 ㄷ자, ㅁ자, ㄱ자 등으로 나무 기둥을 직선으로 배치하도록 규격화되어 있고, 사선으로 배치하는 것조차 드문 일이다. 삐뚤빼뚤한 땅에 0.5미터를 떼고, 거기에 직선의 한옥을 앉히니 가뜩이나 작은 땅에 활용하

지 못하는 자투리 공간이 동서남북으로 속출했다. 맙소사. 옛말 틀린 게 하나 없다. 땅은 네모반듯해야 한다는 게 단순히 보기 좋아서 그런 게 아니었다. 여기에 한옥의 처마 구조가 집을 더 작게 만들었다. 양옥의 경우 0.5미터를 떼고 벽체를 세우면 되지만, 한옥은 벽체가 아니라 처마선이 기준이 된다. 즉, 처마 끝선이 0.5미터 경계 안에 있어야 해서 벽은 훨씬 더 안으로 물러나게 된다. 24평 땅에 10평 한옥이 지어지는 이유다.

1차 계획안에 따르면 우리 집의 건폐율(대지 면적에 대한 건축 면적의 비율)은 42.9퍼센트에 불과했다. 법적으로 정해진 건폐율은 70퍼센트다. 원래는 60퍼센트였지만, 2016년 서울시가 서촌 한옥지구에 한해 이를 완화해 주었다. 그런데 소용이 없었다. 법대로라면 건폐율 70퍼센트에 해당하는 17평까지 집을 지을 수 있지만, 한옥의 경우 이를 채우는 것 자체가 불가능하다. 인센티브라며 아무리 건폐율을 높여주겠다고 해봤자 탁상행정일 뿐이다.

한옥은 땅을 충분히 활용하기 어려운 집이다. 설계를 하다 보면 한옥은 미니어처가 된다. 북촌이나 서촌의 한옥을 보면 아무리 반듯한 땅에 지었더라도 대지 면적 30평을 기준으로 집은 약 15평 정도밖에 안 된다. 더욱이 몇 층으로 올려 지을 수 있는 양옥과 달리 한옥은 단층이나 기껏해야 2층밖에 못 짓는다. 30평대 땅에 한옥을 지으면 최대 17평짜리 집 한 채가 나오지만, 대지 면적 대비 건물 연면적 비율인 용적률 200

퍼센트를 고려하면 양옥을 지을 경우 땅의 두 배 크기, 즉 60평까지 면적을 넓힐 수 있다. 30평 땅에 짓는 한옥과 10평 땅에 짓는 협소 주택의 실내 면적을 비교하면 협소주택이 더 클 정도다.

이렇듯 한옥은 큰 땅이 필요한 집이다. 하늘로 날아오르는 듯 날렵한 모양의 팔작지붕이 있는 한옥을 도심에 짓기는 어렵다. 지붕을 위해 실내 면적을 포기해야 하기 때문이다. 도심 한옥의 처마는 짧을 수밖에 없다. 처마가 짧으면 나무 기둥이나 창문이 비에 노출돼 상할 수 있지만, 방법이 없다. 땅값 비싼 도심과 한옥은 어찌 보면 정말 어울리지 않는, 호사스러운 조합이다. 그러니 한옥의 대중화는 어려울 수밖에 없다.

자, 다시 정리해 보자. 신축할 경우 땅 경계선으로부터 0.5미터를 떼야 하고, 삐뚤빼뚤한 땅에 네모난 한옥을 앉히니 자투리 공간이 나오고, 거기에 지붕 처마를 내느라 활용할 수 없는 공간은 더 많아진다. 이것만으로도 현기증이 나는데 지하를 팔 경우 문제가 또 발생한다. 지하와 지상을 연결하는 계단을 만들어야 하는데, 계단실을 만들려면 상당한 바닥 면적이 필요하다. 작은 방 하나가 사라진다고 보면 된다. 한옥 건축면적이 계단실을 제외하고 10.5평이 된 까닭이다. 지하가 있는 신축 한옥의 길은 이랬다. 건축가가 제시한 네 가지 계획안의 공통분모였다.

공간에는 삶이 담긴다. 특히나 집 설계도는 그 안에 사는 사람의 삶의 계획도나 다름없다. 건축가들이 단독주택의 설계 난도가 높다고 하는 이유도 바로 그것이다. 사는 이의 기호를 오밀조밀 담아내려면 손이 많이 간다. 하지만 네 가지 안 모두 우리가 원하는 라이프스타일대로 살기 힘들어 보였다. 건축가는 1안과 3안을 추천했다. 1안에는 1층에 방이 없다. 주요 기능으로 주방만 있다. 이대로라면 우리는 1층에서 먹고 마시고 놀되 잠은 지하에서 자야 한다. 기껏 한옥을 지어놨는데 잠은 지하 방에서 자야 한다니. 안 될 일이었다.

3안의 경우 1층에는 방만 있었다. 주방은 지하에 있다. 1층에서 잘 수는 있겠지만, 지하에서 요리하고 먹고 마시고 놀아야 한다. 기껏 한옥을 지어놨는데 지상에선 잠만 자고 서까래를 보며 와인도 한잔 마실 수 없다니. 더군다나 요리를 지하에서 해야 한다는 생각에 고개가 갸우뚱해졌다. 냄새며 습기며 환기는 제대로 될까? 지상에서 자고 먹고 노는 게 불가능하다면, 신축을 선택하면 안 될 것 같았다. 방 두 개와 화장실 그리고 주방이 모두 지상에 있는 지금의 집을 고쳐서 단출하게 사는 게 정답 같았다. 우리는 주말 내내 고민하다 네 가지 안 중 어떤 것도 선택할 수 없다는 결론을 내렸고, 건축가에게 이메일을 보냈다.

"신축을 할 경우 기존보다 한옥 공간도 줄어들고, 우리가 원하는 방식대로 살 수 없다는 기분이 듭니다. 이를 판단할 수 있게 대수선도 고려해 주셨으면 합니다."

1안)
지상에 주방과 다이닝 공간이 있고, 방은 모두 지하에 있다.
즉 밥은 1층에서 먹고, 잠은 지하에서 자야 한다.

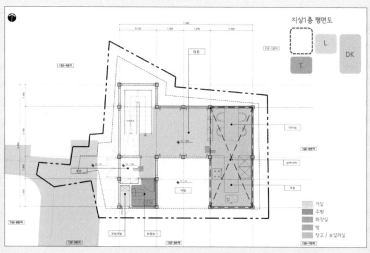

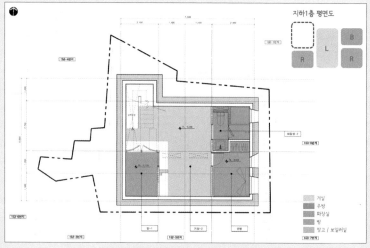

2안)
지상에 주방과 다이닝 공간이 있고, 안방도 하나 있다.
하지만 건축가는 지하의 기능이 애매모호하다며 1안과 3안을 추천했다.

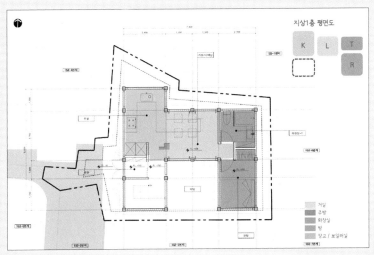

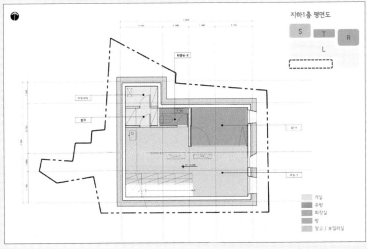

3안)
지상에 방 두 개를 놓고, 지하에 주방과 다이닝 공간을 뒀다.
잠은 1층에서 자고, 밥은 지하에서 먹어야 한다.
단출한 한옥살이를 할 수 있다며 추천받았지만,
우리는 주방을 지하에 둘 경우 관리하기가 어려울 것으로 봤다.

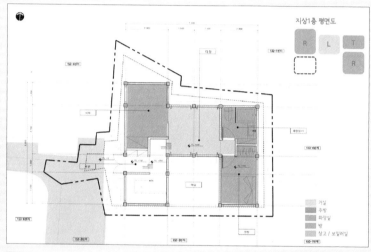

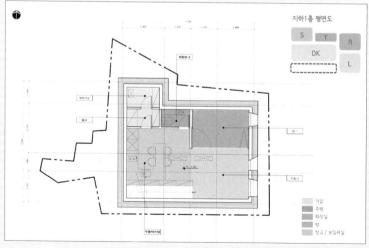

4안)
2안과 동일하나 골목길 쪽으로 집을 더 내밀어 면적을 키운 형태다.

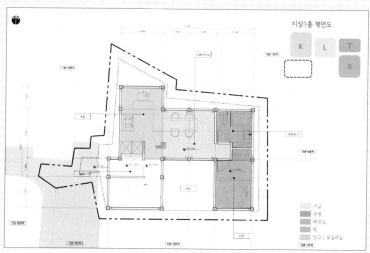

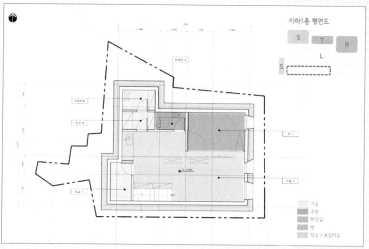

나흘 뒤 건축가와 다시 만났다. 건축가는 대수선을 하는 것에 부정적이었다. 새로 짓지 않고 대수선을 하더라도 0.5미터 이격 기준을 지켜야 한다고 했다. 그걸 피하기 위해 대수선을 한다고 들었는데, 우리가 아는 상식과 다른 이야기였다. 당시 그의 말은 이랬다.

"대수선을 하더라도 '반 미터 이격 기준'을 요구합니다. 민법 기준이라 반드시 지켜야 합니다. 한옥 심의 때 변경 전, 변경 후 도면을 요구해서 대지 경계선에서 0.5미터 이격을 지켰는지 확인합니다. 이 집은 북쪽으로 불법 증축된 부분도 있고, 마당도 없는 기형적인 구조인데 수선만 한 채로 살 수는 없지 않나요? 민법에 맞춰 이격하면 남는 공간도 없어요."

즉 대수선을 하더라도 일단 손대면 지금보다 작아질 수밖에 없다고 했다. 건축가의 말대로 이러나저러나 13평 한옥을 유지하기 힘들다면, 지하를 파는 신축의 길로 가는 것이 옳았다. 지하는 선택이 아니라 필수가 되어버렸다. 우리는 신축과 대수선의 갈림길에서 다시 한번 신축을 택했다.

나중에 집을 다 짓고 종로구 건축과에 확인해 보니, 대수선을 하는 경우에는 0.5미터 이격 기준을 따르지 않아도 된다고 했다. 구청 건축과 한옥 건축팀의 담당 주무관은 이렇게 말했다.

"대수선일 경우에는 0.5미터 안 떼도 됩니다. 그래서 대수선을 하는 거죠. 만약 이웃집의 경계선을 침범해서 불법 확장한 부분이 있다면 그 부분만 헐라고 할 수 있겠지요."

결과적으로 북촌이나 서촌 등 오래된 동네의 한옥 대다수가 대수선을 택하는 이유다. 우리처럼 지하를 파거나, 북향 집을 남향으로 180도 바꾸거나 하는 경우가 아니라면 신축을 택하지 않는다. 신축을 하면 손해 보는 면적이 너무 크기 때문이다. 더욱이 대수선은 단순한 수선과 다르다. 폐가 같은 집을 새집처럼 만든다. 주요 부재도 거의 다 새것으로 갈아 끼운다. 얼핏 보면 새로 지었는지 고쳤는지 분간하기 어려울 정도다.

물론 판별법은 있다. 기둥을 보면 된다. 오래된 집은 기둥 아래가 썩어 있는 경우가 많다. 도심 한옥은 내부 공간을 확보하기 위해 처마가 짧다. 기둥 윗부분은 보호할 수 있지만, 아랫부분은 비를 맞아 썩게 된다. 그래서 대수선할 때 기둥의 아래쪽 상한 부분만 잘라 새 나무로 갈아 끼우고 윗부분은 그대로 둔다. 대수선한 집의 기둥을 보면 갈아 끼운 새 나무와 옛 나무의 차이가 확연하다. 마치 한 나무처럼 딱 맞춰 끼워놨지만, 새 나무와 헌 나무는 색과 결이 다르다. 한옥은 나무로 지은 집이라 이런 방식의 대수선이 가능하다.

만약 건축가가 대수선도 무조건 0.5미터 이격 기준을 따라야 한다고 잘못 안내하지 않았다면 우리는 대수선을 택했을까. 그때는 맞는 줄 알았지만 지금 보니 틀린 이야기를 놓고 우리는 종종 말한다.

"만약 그 갈림길에서 대수선을 택했다면 우리 집은, 우리 삶은 어떻게 달라졌을까? 지하 파고 새로 짓지는 않아도 되니 고생은 덜 했겠지만, 13평 한옥에서는 오래오래 살기 힘들겠지? 그랬겠지?"

"철거 직전에 보니 천장은 멀쩡하던데, 다듬어서 예전 구조는 그대로 보존하고 고쳤으면 어땠을까? 0.5미터를 안 떼도 되니까 적어도 마당은 지금보다 넓었을 텐데."

돌이킬 수도 없고, 결과도 알 수 없다. 문득 우리가 가지 않은 다른 길이 궁금해지면 한껏 상상하다 이렇게 마무리 짓곤 한다. "집 짓기는 마음 짓기여." 집을 짓다 보면 뜻대로 안 돼 무너져 버린 마음부터 차근차근 지어 올려야 할 때가 참 많다.

Q.
몇 밀리미터면 충분할까

집 짓기는 거대한 프로젝트 같지만 어찌 보면 사소한 일들의
연속이다. 아주 사소한 결정을 놓고서 전전긍긍하게 만든다.
하지만 그런 결정들이 쌓여 집을 만들기에, 좀처럼 '쿨'해질 수
없다. 한옥을 신축하기로 최종적으로 결정하고 나서 공간 배
치를 다시 했다. 건축가는 지하에 주방과 다이닝 공간을 두자
고 했다. 1층에는 방 두 개만 정갈하게 배치하자는 의견이었
다. 하지만 우리는 주방을 지상에 두기로 결심했다. 집 짓기는
소통의 연속인데, 우리가 원하는 것을 제대로 전달하는 일은
늘 어려웠다. 전문가한테 일임하는 쿨한 건축주가 되고 싶었지
만, 그 집에서 살아가는 것은 결국 우리였다. 취향과 기호가 반

영된 현대적인 한옥을 짓고 싶었다. 그래서 다부지게 말했다.

"한옥에 살겠다고 했을 때, 서까래를 보며 와인을 마시자고 서로 이야기했거든요. '왜 와인 바에 가냐, 한옥 술집을 하나 만들면 되지!' 했어요. 그런데 주방과 다이닝 공간을 지하에 두면 저희가 원하는 삶을 실현할 수가 없어요. 저희는 집에서 먹고 마시고 노는 걸 좋아하는 집순이 집돌이거든요⋯."

"오케이."

서까래 보며 와인을 마시겠다는 말이 설득력이 있었는지 건축가는 단박에 수용했다. 그리하여 주방과 다이닝 공간을 1층에 두기로 했다. 우리는 주방과 다이닝 공간, 계단실을 ㄷ자 한옥의 가운데에 일자로 배치하는 것에 대해 의견을 나누었다. 집의 가장 긴 면이 벽으로 막히지 않고 탁 트여 있길 원했다. 한옥 답사를 다녀보니 그랬다. 가뜩이나 좁은 한옥 내부를 방을 만들기 위해 쪼개다 보니, 벽체로 막혀 답답하다는 느낌이 들었다. 키가 커도 비율이 안 좋으면 작아 보이는 것처럼, 면적이 크더라도 방 개수를 욕심내서 여러 개로 쪼개놓으면 넓은 공간감이 사라져 답답한 느낌을 준다. 면적이 작다고 해서 작은 집이 아니며, 넓다고 해서 큰 집도 아니다. 결국 비율이 중요하다. 우리 집은 작지만 내부 공간이 막힘없이 뻥 뚫려 있다면, 작게 느껴지지 않을 거라고 생각했다.

하지만 주방-다이닝 공간-계단을 일자로 배치하려면, 계단을 안방 앞에 만들어야 했다. 원래 안방 앞에 두기로 했던 화장실은 안방의 반대편, 즉 현관 옆에 배치해야 했다. 중정을 끼고 마주 보는 공간이 각각 안방과 화장실이 된다. 건축가는 반대했다. 밤에 자다가 화장실에 가려면 불편하기 때문에, 보통 화장실은 방에서 멀리 두지 않는다고 했다. 하지만 우리는 고심 끝에 화장실을 방에서 떨어뜨리는 게 좋겠다는 의견을 제시했다. 어차피 집이 작아서 그리 불편하지 않을 거라고 생각했다. 우리에겐 무엇보다 막힘없이 트여 있는 공간이 더 중요했다. 결과적으로 ㄷ자 한옥의 한쪽 날개에는 안방이, 맞은 편에는 화장실과 현관이 배치됐다. 나머지 가장 긴 변에는 주방과 다이닝 공간, 계단실이 자리했다. 밥 먹고 요리하고 노는 공간을 가장 크게 만든 것이다. 그렇게 결정했음에도 사실 두려웠다. 건축가도 반대한, 일반적인 평면과 다른 안이었으니 말이다.

하지만 살아보니 정말 잘한 선택이었다. 집이 작으니 안방에서 다이닝 공간을 거쳐 화장실로 가는 길이 그리 멀지 않았다. 게다가 요즘 같은 코로나 시대에, 집에 오자마자 현관 옆의 화장실로 쏙 들어가 손 씻기도 편하다. 화장실이 마당을 끼고 있어 반신욕을 하며 마당을 볼 수 있다는 것도 큰 장점이다. 무엇보다 뻥 뚫린 홀 같은 공간이 나타나서 집이 좁게 느껴지지 않는다. 최종적으로 11.5평이 된 한옥에서 느낄 수 없는 공간감이다.

안방과 화장실을 붙여 둘지 말지는 어찌 보면 지극히 사소한 결정이다. 하지만 이런 작은 결정들이 모여 집을 완성한다. 그래서 어려웠다. 집을 설계하는 과정은 이 집에서 살아갈 우리의 행동 패턴을 상상하며 공간을 만들어 나가는 일이었다. 때로는 어릴 적 주택에 살았던 기억도 도움이 되었다. 짐으로 꽉 차 있던 다락방에는 내가 몰래 만들어 둔 틈새 공간이 있었고, 그 속에 웅크려 있으면 아늑하고 평온했다. 그 기억을 떠올리며 다락방을 만들었다. 손님이 오면 묵을 공간으로도 적당했다. 하지만 아직 살아보지 않은 집의 모든 공간을 상상하며 결정해 나가기란 쉬운 일이 아니었다.

한번 결정하면 앞만 보고 달리는 성격인 줄 알았는데, 결정을 쉽게 내리지 못하는 순간들이 많았고 그럴 때마다 곤혹스러웠다. 이 오락가락하는 사람이 정말 나란 말인가. 한번은 집 짓는 동안 기꺼이 멘토가 되어주셨던 한옥문화원의 장명희 원장님과 통화하다가 "쿨한 건축주가 되긴 틀린 것 같아요"라며 나도 모르게 우는소리를 했다.

그날도 화장실과 옷방의 위치 때문에 마음이 왔다 갔다 했다는 이야기를 하던 차였다. 단출한 지상 한옥살이를 위해서는 옷방을 지하에 둬야 하는데, 왠지 지하에 두기가 꺼림칙해 오락가락하고 있었다. 그러다 시원하게 결정하지 못하는, 쿨하지 못한 나한테 화가 났다. 내 하소연을 들은 원장님의 조언은 이랬다.

"그럼 당연하지. 사람 마음이 원래 아침저녁으로 변하기 마련인데, 자기 집 짓는 일이니까 오죽하겠어. 쿨한 척하는 건축주가 되려 하지 말고, 어떻게 하면 내 집을 원하는 대로 지을 수 있는지 끝까지 집중해요."

쿨한 건축주는 애초부터 될 수 없다. 집 짓기에서 두 번째 기회란 거의 없기 때문이다. 오늘은 자장면을 먹고 내일은 짬뽕을 먹자는 식으로 쿨하게 결정할 수 없다. 자장면을 선택하면 그걸로 끝이다. 게다가 그 선택지가 자장면과 짬뽕처럼 색깔이 분명한 것도 아니다. 뭐랄까. 중국산 춘장과 미국산 소고기로 만든 자장면, 그리고 대만산 춘장과 호주산 소고기로 만든 자장면 중에 하나를 골라야 하는 심정이랄까.

주변 지인들에게 열심히 묻기도 했다. 지하에 화장실을 추가로 두는 게 나을까? 냄새가 나지는 않을까? 지하에 옷방을 두면 환기가 괜찮을까? 좁은 안방에 꼭 옷장을 둬야 할까? 밖으로 반침半寢(큰 방에 딸린 조그만 방)을 내면 어떨까?

답은 늘 "해라", "하지 마라", "건축주 마음이지 안 되는 게 어딨어"를 오갔다. 애가 타서 물어본들, 타인의 취향일 뿐이었다.

결국 나와 진택, 우리가 살 집이었다. 우리가 마음의 중심을 잡아야 했다. 흔들리는 마음은 그 중심을 잡기 위한 과정이라고 생각하기로 했다. 이리저리 흔들리다 보면 어느 순간 중심을 잡게 될 것이다. 그리하여 마침내 결론을 내렸다. 지하에 옷방을 두고, 1층 안방은 옷장도 화장대도 없는 잠만 자는 공간으로 만들기로 했다. 주방 한쪽에 뒀던 세탁기와 건조기도 지하에 두고, 대신 싱크대를 더 길게 두기로 했다. 한옥 공간을 더 넓게 쓰기 위해 비우기로 한 것이다. 채워야 할 것들은 지하로 옮겼다. 지하는 그만큼 신경 써서 관리하면 되겠지. 걱정은 접어두고, 지상을 잘 받칠 수 있는 공간으로 만들기로 했다.

흔들리는 과정 속에서 우리 집의 장점과 단점을 충분히 알게 되니 마음은 편해졌다. 가족이 사는 집 두 채를 지어본 경험이 있는 한 지인은 건축가에게 물어보고 안 된다는 이야길 들으면 오히려 마음이 편해졌다고 후기를 전했다. 집의 한계를 잘 파악하고, 안 되는 이유를 아는 것이 중요하다고 말했다.

"집을 짓고 나서 '이건 이렇게 하지, 왜 안 했어?'라는 말을 정말 많이 들었거든. 그럴 때 나도 이미 검토했지만 이유가 있어서 포기한 부분이라면 마음이 흔들리지 않아. 내가 왜 그걸 선택하지 않았는지 이유를 아니까. 그런데 미처 생각해 보지 못했는데 더 나은 선택지가 있었다는 걸 알게 되면 속상하더라고. '왜 그걸 안 했지? 왜 그 생각을 못했지?'라는 마음이 드니까 불만족스러워지고. 충분히 고민해서 결정하는 게 좋아. 그래야 결국 포기하더라도 후회가 남지 않지."

그런데 문제는 고민해야 할 단위가 밀리미터라는 것이다. 이때 밀리미터는 설계도면의 치수 단위다. 도면에서는 1미터를 1,000밀리미터로 표기한다. 방의 폭이 2.4미터라면 도면에는 2,400밀리미터로 적혀 있다. 어느 날 안방 크기를 더 줄여야 하는 문제에 부딪혔다. 우리는 깊은 밤 잠을 이루지 못하고 연남동 집에서 이부자리를 펴기 위해서는 공간이 얼마나 필요한지를 재며 방바닥에 빨간 스티커를 붙이고 있었다. 그러던 차에 진택에게 이른바 '현타'가 왔다.

"맨날 몇 평짜리 아파트만 이야기하다가 밀리미터 단위로 좁혀지는 걸 보면 웃기면서 치열하고 생소하고 참 이상하다. 내 삶을 밀리미터 단위까지 고민해 보지 않았는데 말이야. 참 나."

이런 치열한 집 짓기 같으니라고. 사람이 살면서 자신의 삶을 밀리미터 단위로 고민할 일이 얼마나 있을까. 나에게 필요한 옷장의 크기를 생각하다 보면 기존에 갖고 있던 옷을 정리하는 문제뿐 아니라, 쇼핑 원칙까지 저절로 생겨난다. 무한정 큰 옷장을 둘 수 없으니 옷을 하나 사면 하나 버리자. 입지 않는 옷에 소중한 공간을 자꾸 내어주지 말자. 공간의 치수를 알아가는 일은 삶의 테두리를 깔끔하게 정리하는 것과 같았다. 옷 끝에 비죽 나와 있는 너덜너덜한 실밥을 정리하는 기분도 들었다. 그래, 나한테는 이게 필요 없다고 봐. 내 공간에는 이런 것들이 어울리지 않지. 싹둑.

공간을 정한 다음에는 그 공간에 들어갈 것들을 정하느라 한참 씨름했다. 무엇보다 머릿속에서 집을 그려가는 동안 늘 줄자를 들고 다니며 치수를 재곤 했다. 그 과정에서 이도 저도 아닌 크기로 공간을 차지하면서 안방의 메인 기능인 '잠자기'를 방해하는 옷장을 과감히 없앴다. 모름지기 안방에는 화장대도 있어야 할 것 같았지만, TV에서 본 것처럼 안방 화장대에 앉아 자기 전에 콜드크림을 바르고 마사지를 해야 할 것만 같았지만, 애당초 화장을 잘 하지 않으니 화장대도 없앴다. 대신 화장실에 수납장을 두기로 했다. 씻고 나서 간단히 선크림 정도만 서서 바르면 충분했다.

대문 폭을 늘리느라 화장실의 크기가 작아져 욕조 길이를 100밀리미터 줄여야 했을 때, 한옥 심의 문제로 다락방 높이를 200밀리미터 줄여야 했을 때, 하늘이 무너지는 것처럼 속상했지만 돌이켜 보면 그래봤자 10센티미터, 20센티미터 차이였다. 이 작은 차이가 돌이킬 수 없는 결과를 불러올 것만 같아 걱정스러웠다. 우리는 그만큼 진지하고 절박했다. 그때부터 그 당시 살고 있던 연남동 투룸의 모든 것을 모조리 재기 시작했다. 12평 투룸으로만 알았지, 방과 화장실의 가로, 세로, 높이를 재본 것은 처음이었다. 지어질 집이 작기에, 살아가기 위한 최소한의 치수를 파악해야 했다. 10센티미터가 어느 정도인지는 엄지와 검지를 벌려 대략 가늠해 볼 수 있지만, 3차원 공간에서는 어느 정도 길이를 차지하는지 익혀야 했다. 집이 작다고 냉장고를 없애거나 서서 잘 수는 없는 노릇 아닌가. 하나의 치수가 틀어지면 다른 모든 것들의 위치가 흔들리고, 집에 둘 수 있을지의 여부에도 위기가 찾아왔다. 그래서 우리는 재고 또 쟀다. 수전 높이는 얼마, 세면대 높이는 얼마, 계단 폭은 얼마…. 줄자를 미처 챙기지 못한 날에는 발로 쟀다. 하나, 둘, 셋, 넷! 치수를 재고 공간감을 익히며 우리는 조금씩 우리 집과 우리를 이해해 나갔으며, 할 수 있는 것과 할 수 없는 것을 구별했다. 이렇게 집을 짓는다는 것은 우리를 알아가는 여정이었다. 또한 우리의 삶을 이해하고 정리해 나가는 과정이기도 했다.

앞으로 어떻게 살아갈 거냐고 묻는 집에게 우리는 이렇게 살 것이라고 답하며 집의 그림을 그려나갔다. 나와 진택의 삶이 밀리미터 단위로 담긴 집은 그렇게 완성됐다.

4장
단지 밖은
정글이다

전통이라는 이름 아래
한옥을 박제해 두는
정부를 고발합니다

한옥은 왜
다 똑같이 생겼을까

은평 한옥마을은 2022년 현재도 조성되고 있는 신상 한옥마을이다. 서울시가 2008년 한옥을 육성 및 보존하겠다는 '한옥 선언'을 하면서, 시범 지구로 만들어진 곳이다. 옛날부터 있던 한옥 동네를 보존한 게 아니다 보니 한옥의 최신 동향을 살필 수 있다. 서울시 한옥 정책의 방향성도 알 수 있다.

첫인상은 '모두 비슷하다'였다. 한옥이 100채 넘게 모인 동네인데 마치 민속촌에 온 듯했다. 도심에 있는 한옥들과 달리 은평 한옥마을에는 2층 한옥이 대다수다. 골목길이 좁은 도심 한옥과 달리 차가 다닐 수 있게 길을 넓게 조성한 터라 2층 한옥을 지을 수 있다.

한옥마을 옆에는 일반적인 단독주택 필지도 있다. 그곳의 집들은 제각각이다. 콘크리트로 지은 집, 벽돌로 지은 집, 박공지붕 집, 평지붕 집…. 모양도 다르고, 건축 자재도 다르고, 색깔도 다르다. 집주인의 취향이 다르듯, 집도 가가호호 다른 것이 자연스럽다.

그런데 은평 한옥마을의 신축 한옥들은 왜 유독 비슷할까. 어쩌다 비슷한 취향을 가진 집주인이 100명 넘게 모여 촌락을 이루게 된 걸까. 아니면 집주인들이 연합해 공사의 효율성을 높여보자며 아파트 단지처럼 한옥 단지를 만든 걸까. 담장도 대문도 집의 모양새도 엇비슷하다. 땅의 모양에 따라 집의 배치만 달라졌을 뿐이다.

가만히 보면 구도심의 한옥도 비슷하다. 한옥 스타일의 한계일까. 아파트야 경제성을 위해 똑같이 짓는 집이라지만 한옥은 왜 그럴까. 한옥을 짓다 보니 궁금증이 풀렸다. 규제가 만든 풍경이다.

서울시가 2008년에 한옥을 육성하겠다고 나서기 전까지, 한옥에 대한 명확한 정의조차 없었다. 2010년에 와서야 건축법에 건축물로서 한옥의 정의가 추가됐다. 그동안 한옥은 그저 부수고 재개발해야 할 옛날 집이거나, 사람이 살지 않는 채로 보존해야 하는 문화재에 지나지 않았다.

건축법에 한옥이 무엇인지 명시되고 나서 정부는 한옥을 보존하고 육성하겠다며 무수히 많은 지침을 만들었다. 대부분이 한옥의 모양새를 규제하는 내용으로, 이를 토대로 한옥 디자인을 제한하기 시작했다. 서울시에서 한옥을 신축하거나 대수선하는 집주인은 이 지침을 따를 수밖에 없다. 서울시가 한옥 육성책의 일환으로 한옥 공사비를 일부 지원해 주기 때문이다. 한옥 지원금 심의를 거치고 나면 드라마 세트장 같은 비슷비슷한 한옥이 완성된다.

한옥 심의를 할 때 기준으로 삼는 한옥이 있다. 바로 조선시대 한옥이다. 왜 그런지 국책연구기관의 한옥 전문가한테 물었다. 그는 "한옥 육성에 공적 자금을 투입하다 보니 전통성을 기준으로 할 수밖에 없는데 현재 남아 있는 전통 건물들이 거의 조선시대에 지어진 것이라 이를 기준으로 삼는 것"이라고 말했다.

하지만 한옥이 조선시대에만 있었을까. 하물며 21세기에 조선시대 한옥을 육성하겠다니. 이 시대착오적인 정부 지침을 따르기 싫지만, 따르지 않으면 지원금을 받을 수 없으니 반론을 제기할 수 없다. 이것은 한옥의 '국룰'이 됐다.

한옥을 글자 그대로 풀이하면 '한국의 집'이라는 뜻이다. 이에 따르면, 한국 인구의 절반이 사는 아파트도 한옥이라고 할 수 있다. 하지만 아무도 아파트를 한옥이라고 부르지 않는다. 오늘날 한옥은 이보다 좁은 의미로 쓰인다. 한옥이란, 한국의 전통적인 건축 양식으로 지은 집이다. 전통적인 건축양식을 말해보자면, 선조들의 지혜가 담긴 온돌 시스템과 차가운

대청마루의 조화를 꼽을 수도 있겠다. 하지만 전통 방식 그대로 구현할 수 없다. 서울 도심에서 온돌방을 덥히려고 아궁이에 불을 때다가는 당장 이웃집에서 신고를 할 것이다. 이제 도심 한복판에서 벽난로와 굴뚝이 있는 집은 드물다. 인구 밀도가 높은 서울에서 장작 연기를 배출하는 것은 여러모로 오해를 사거나 누군가에게 민폐를 끼치는 일이 된다.

시대가 바뀌었다. 그렇다면 오늘날에도 유효한 한국의 전통 건축 양식은 무엇일까. 건축법 시행령에서는 한옥을 "기둥 및 보가 목구조 방식이고 한식 지붕틀로 된 구조로서 한식 기와, 볏짚, 목재, 흙 등 자연 재료로 마감한 우리나라 전통 양식이 반영된 건축물 및 그 부속 건축물"로 정의한다. 한옥을 정의하는 두 가지 기본 요소는 나무로 된 구조와 한식 기와지붕이다. 이를 토대로 한옥 디자인 지침이 만들어졌다.

서울시는 한옥 보존 및 육성책의 일환으로 '한옥 등록제'를 운영하고 있다. 서울시의 디자인 지침에 따라 공사를 마치고 한옥으로 등록할 경우, 수선비나 신축 공사비를 지원한다. 금액은 동네마다 조금씩 다르다. 우리 집이 있는 서촌처럼 한옥 보존구역으로 지정된 경우 지원금이 더 많이 나온다. 한옥을 신축할 경우 보조금과 낮은 금리의 융자금을 합쳐 최대 1억 5,000만 원을 지원받을 수 있다. 한옥보존구역이 아닌 경우에는 1억 원 상당이다.

분명 큰돈인데, 전체 공사비를 놓고 보면 큰돈이 아니다.

한옥 건축비는 양옥의 두세 배쯤 된다. 평당 1,500만 원 이상 든다. 인건비도 비싸고 자재도 비싸다. 규격화되지 않아 양옥보다 공사 시간도 더 오래 걸린다. 불편한 옛날 집이라는 편견에 건축비까지 비싸니 보통 사람들은 엄두를 내기도 어렵다.

한옥 시장은 양극화가 심한 시장이다. 극단적으로 말하자면, 한옥은 하이엔드 하우스이거나 헌 집이다. 한옥의 미를 사랑하는 재벌의 세컨드 하우스이거나, 곧 철거될 옛날 집으로 나뉘었다. 그래서 서울시는 한옥 육성책으로 이 지원금을 꺼내 들었다. 서울에 사는 보통의 사람들이여, 돈을 지원해 줄 테니 한옥을 지으세요. 한옥보존구역 안에 있어 기존의 한옥을 부수고 양옥으로 짓지 못하는 집주인들이여, 이 지원금으로 한옥을 고쳐 사세요. 한옥의 대중화에 앞장서세요.

이에 따라 서울시에서 한옥을 개보수하거나 신축하는 사람들은 한옥 등록제를 활용하기 시작했다. 문제는 등록을 위한 심의다. 서울시가 전통성을 강조하며 만들어 놓은 한옥 비용 지원 심의 기준과 이를 토대로 한 심의위원들의 디자인 규제가 너무 과도한 탓이다. 이를 경험한 건축가들의 원성은 자자하다.

심의위원 중에 틀에 박힌 조선 한옥 예찬론자들이 많아요. 한 심의위원의 사무실에 가서 조선 한옥이 무엇인지 1시간 넘게 강의까지 들었을 정도예요. ─한옥 설계 경험이 있는 젊은 건

축가 A

은평 한옥마을에 한옥을 한 채 설계했는데 심의위원이 집의 기둥을 경북 영주시 부석사처럼 배흘림기둥으로 하라고 해서 어이없었다니까. 2층 한옥의 난간 디자인도 트집을 잡는데 집에 안 어울리게 궁궐에서 주로 쓰던 '계자난간'을 하라고 하는 거야. 조선시대 궁궐이나 문화재를 보수하던 목수들이 주축이 돼서 살림집에 맞지 않는 디자인 규제를 너무 심하게 해. 심의위원이랑 싸우다가 열 받아서 한옥 설계 은퇴 선언까지 했다니까. ─대중에게도 많이 알려진 중견 건축가 B

21세기에 다 똑같이 생긴 조선시대 한옥을 지으라는 것도 불만인데, 그렇게 하려면 공사비가 껑충 뛸 수밖에 없다. 발전된 자재와 기술을 배제하고 곧이곧대로 옛것을 고집하니 그렇다. 더욱이 서울시는 한옥의 주요 요소마다 규제한다. 이를 어길 경우 횟수당 지원금이 5퍼센트씩 깎인다. 창호를 어기면 마이너스 5퍼센트, 담장을 어기면 또 마이너스 5퍼센트…. 건축주의 계산기는 바빠진다. 어떤 부분에서는 지침을 어기고 지원금이 깎이는 것이 지침대로 공사할 때보다 더 경제적일지도 모른다. 혹은 아예 지원금을 받지 않고, 내가 원하는 대로 세련된 디자인의 한옥을 짓고 사는 편이 나을 수도 있다.

한옥은 조선시대에만 있던 집이 아니다. 특히 20세기 들어 조선시대 한옥의 공간 문법은 깨졌다. 조선시대에는 상대적으로 넓은 땅에 안채, 사랑채, 별채 등 각 공간의 기능에 따라 한 채씩 따로 지었다. 하지만 20세기 이후 도시에 사람들이 몰리면서 도심 한옥이 지어졌다. 오늘날 북촌과 서촌에 지어진 한옥이 바로 그것이다. 넓은 땅에 흩어져 있던 안채, 사랑채, 별채 등이 하나의 건물로 합쳐졌다. 안방과 사랑방이 붙어 있고, 부엌까지 한 건물 안에 있는 ㄷ자, ㅁ자 한옥의 등장이다. 일제강점기에 왕가가 몰락하면서 경복궁 인근에 있던 집터가 매물로 나왔고, 당시 집장수들이 이 집터를 사들여 도심 한옥으로 쪼개 지었다. 그러다 보니 집의 형태도 달라졌고, 시대 변화를 반영해 재료도 달라졌다. 발전된 기술도 반영됐다. 그 시절 한옥은 시대에 따라 유연하게 변화했다. 하지만 지금 서울의 한옥 육성책은 오히려 계속 진화해야 할 한옥의 발목을 붙잡아 20세기 이전으로 돌려보내고 있다. 이런 한옥이라니. 이런 한옥에서 살라니. 우리보고 도포 입고 상투 틀고 갓 쓴 채로 필라테스를 하라는 것이나 마찬가지였다.

한옥은 한때 한국을 대표하는 집이었지만 지금은 전체 주택의 1퍼센트도 채 안 된다. 하지만 선조들의 지혜와 멋이 담긴 집의 DNA를 간직하고 있는 만큼 발전 가능성도 무궁무진하다. 친환경 소재를 찾아 목조주택에 대한 관심이 커지고 있는 상황이다. 하지만 안타깝게도 한국식 목조주택의 원류인 한옥은 조선시대에 박제된 채 멈춰 있었다. 그러는 사이 한국

목조주택 시장의 주류는 북미식, 일본식이 됐다. 우리가 몸으로 부딪혀 알게 된 한옥의 현주소를, 정부의 한옥 대중화 정책의 실체를 다음에서 조목조목 고발하련다.

21세기에
조선 한옥이라니

서울시는 한옥의 보전과 진흥을 위해 2016년 한옥 심의 규정을 만들어 운영하고 있다. 한옥 지원금을 받으려면 이 규정을 토대로 건축위원회와 한옥위원회의 심의를 받아야 한다. 하지만 심의에서는 한옥의 진흥보다 보전만 강조하고 있어 결국 조선시대 한옥이 지어지게 된다. 이제부터 심의 규정을 살펴보면서 무엇이 문제인지 따져보고자 한다.

도로에 면하는 외벽의 창호는 전통적인 창살(띠살창, 아자살, 완자살, 정자살, 숫대살 등)을 이용한 창호로 구성해야 한다.

은평 한옥마을에 있는 한옥 '낙락헌'은 주방의 두 면에 통유리를 설치했다. 마치 뻥 뚫린 정자처럼 개방감이 뛰어나다. 북한산과 집 앞 늪지의 우거진 나무가 유리창 너머로 펼쳐진다. 하지만 낙락헌의 통유리창은 한옥 심의를 받을 때 엄청난 시빗거리가 됐다. 서울시의 한옥 심의 기준에 따르면 통창은 설치할 수 없다. 창에는 반드시 창살이 있어야 한다. 그게 전통이기 때문이란다. 과연 그럴까.

서촌에 있는 '홍건익 가옥'(서울시 민속문화재 제33호)은 집주인의 취향과 시대에 맞게 변화하는 한옥의 모습을 잘 보여준다. 1930년대에 지어진 이 한옥의 안채에 가면 당시에는 신식 재료였던 유리로 만든 창호가 설치되어 있다. 창살이 없는 유리창이다. 그 덕에 대청마루에서 마당을 훤히 내려다볼 수 있고 집 안에 볕도 잘 들어온다.

사실 유리창에 창호 살을 댈 필요는 없다. 창호 살은 유리가 보급되기 전 창호지를 쓰던 시절, 얇은 종이를 뼈대에 고정시키기 위해 필요했던 요소다. 외부에 면한 창의 경우 보안을 위해 더 촘촘한 창호 살을 썼다. 하지만 신소재인 유리가 보급되면서 창호 살은 존재의 이유를 상실했다. 창호 살이 햇살과 차경借景을 막아 한옥 내부 공간을 답답하게 했던 터다.

낙락헌을 설계한 조정구 건축가(구가 건축사사무소 대표)에게 심의 기준에 맞지 않는 통유리를 굳이 설치한 까닭을 물었더니 명쾌하게 답했다.

"현대식 정자를 만들 때 통유리가 적합한 재료라고 봤어요. 사면이 뚫린 정자가 바깥 풍경을 그대로 가져오는 차경의 공간이었던 만큼 통유리를 쓰면 마치 정자 같은 실내 공간을 만들 수 있잖아요. 한옥의 개방감과 투명성이 통유리라는 소재와 잘 맞아떨어지는데도 이를 전통이 아니라고 제한하니 문제죠."

통유리 금지는 한옥 상가에도 적용된다. 은평 한옥마을의 주요 진입로에는 카페와 편의점이 들어선 한옥 상가가 있는데 주택과 똑같은 창호 규제를 받았다. 카페 방문객은 차 한잔 마시며 북한산과 한옥마을을 시원하게 조망하길 원할 텐데 심의 규정을 따르면 유리창에 빽빽한 창호 살을 설치해야 한다. 결국 심의용으로 창호 살을 설치했다가 심의를 받은 뒤 떼버린 집이 수두룩하다.

민간 한옥에서는 통유리창을 엄격히 규제하지만, 공공 한옥에서는 통유리창을 즐겨 쓴다. 서울 종로구 돈의문 박물관마을에 가면 서울시가 운영하는 한옥이 있다. 주로 공방으로 쓰이는데 통유리창을 단 곳이 수두룩하다. 공공은 되고, 민간은 안 되는 고무줄 심의에 불만이 커지자, 서울시는 2021년 7월 심의 기준을 바꿨다. 카페와 같은 비주거용 한옥의 경우 가로 측 입면에 통유리창을 한두 개 쓸 수 있고, 주거용 한옥은 밖에서 안 보이는 대청이나 누마루에 딱 한 개 쓸 수 있게 됐다. 물론 심의위원회가 조망의 필요성을 검토해 허가해야 한다.

서촌의 신축 한옥 모습.
바깥 창호에 서울시가 권장하는 격자무늬 띠살창을 썼다.

.

한옥의 창은 나무로 제작해야 한다. 일반 주택이나 아파트에 흔히 쓰는 알루미늄이나 PVC 새시를 쓰면 안 된다. 전통에 어긋나기 때문이다. 하지만 문화재가 아닌 살림집에서 옛날식 나무 창호를 쓸 경우 불편한 점이 많다. 무엇보다 춥고 방범에 취약하다. 나무의 특성상 겨울에는 수축하고 여름에는 팽창하는데, 그러다 보면 틈이 생긴다. 바늘구멍보다 작은 틈으로 황소바람이 들어온다. 오래된 한옥의 경우 겨울이면 방바닥은 델 것처럼 뜨거운데 이불 밖으로 내놓은 얼굴은 웃풍 때문에 무척 시리다. 나무 창호에 생기는 아주 작은 틈이 웃풍을 만드는 주인공이다.

잠금장치도 허술하다. 쇠와 쇠가 맞물려 잠기는 현대식 창호와 달리 나무 창호의 잠금장치는 나무에 홈을 파서 걸쇠를 꽂는 형태다. 힘 좋은 사람이 맘먹고 창을 뜯으면 통째로 뜯길 수 있다.

이런 나무 창호의 한계를 극복하기 위해 한식 시스템 창호가 개발됐다. 한식 시스템 창호는 겉으로 보면 나무 창호와 똑같지만, 그 속에 알루미늄 새시 틀이 들어 있다. 알루미늄 새시에 나무틀을 덧댄 하이브리드형 창호인 것이다. 나무틀 속 알루미늄 덕에 현대식 잠금장치를 설치할 수 있고 나무가 변형되는 것도 막을 수 있다. 다만 비싼 게 흠이다. 유명 한식 시스템 창호 브랜드의 경우 양쪽으로 열어젖히는 창호 한 세트(창문 두 짝)가 500만 원 정도다. 그런데 한옥은 창호로 이루어진 집이다. 우리 집의 경우 계단을 제외하면 지상 면적 11.5평의 작은 한옥인데도 창호만 수십 짝이 들어갔다. 집 전체를 한식 시스템 창호로 하려면 창호값만 억대가 들어간다. 한옥 지원금을 창호값으로 다 써야 할 판이다.

물론 이보다 저렴한 중소기업 제품도 있다. 그래도 일반적인 알루미늄 또는 PVC 새시에 비하면 비싸다. 결국 한옥 주인들은 차선책으로 이중 새시를 설치한다. 바깥 창에는 규정대로 나무 창호를 설치하고 집 안에는 아파트에서 쓰는 PVC 새시를 설치한다. 사실 기능성을 따지면 밖에 PVC 창을 달고 안에 나무 창호를 설치하는 것이 맞다. 여름철 폭우가 쏟아질 때면 나무창은 비에 젖어 나무가 상하고 집 안으로 비가 샐 우려도 있다. 다만 한옥 규정이 이를 규제하고 있어 밖은 나무창, 안은 PVC 새시 창을 설치한다. 한옥은 철저히 밖에서 보기 좋은 집이 되도록 정책 방향이 설정되어 있다. 비가 새든 말든, 밖에서 보이는 모습을 전통대로 유지해야 한다. 한마디로 내부보다 외관이 중요하다.

더욱이 나무 창호는 두껍다. 요즘에는 단열을 위해 이중창이 기본이다. 그 사이에 방충망도 넣는다. 결국 창이 세 겹이나 되니 가뜩이나 좁은 한옥의 실내가 더 좁아진다. 현대식 PVC 창호를 설치하면 한 겹만으로도 충분할 것을, 전통적인 외관을 만들기 위해 나무 창호를 겹겹이 설치해야 한다.

이렇게 정부의 한옥 육성책은 사는 사람의 편의를 고려하지 않는다. 보존해야 할 문화재로서 한옥을 바라볼 뿐이다. 우리는 비용 문제로 한식 시스템 창호 대신 전통 나무 창호를 설치했다. 요즘 전통 창호도 시스템 창호 못지않게 견고하다고 해서 선택했지만 역시나 한계가 많았다.

2020년 겨울에는 영하 20도의 맹추위가 지속됐다. 웃풍 탓에 안방에 누우면 등은 따뜻한데 코끝이 시렸다. 결국 진택은 해외 건축 자재 사이트를 뒤져 창호 틈새를 막는 각종 부자재를 찾기 시작했다. 그렇게 직구한 자재를 가지고 틈새와의 전쟁을 펼쳤다. 창호에 달라붙어 틈이란 틈은 집요하게 막아내는 투혼을 펼친 끝에 웃풍은 많이 줄었다. 한파가 닥쳐도 잘 때 코끝이 시리지는 않다. 이런 한옥의 건축비가 그렇게 비싸다니, 기막힌 노릇이다. 서울시가 육성하고자 하는 한옥의 현주소는 이렇게 현실과 동떨어져 있다.

이후 서울시의 규제에 따라 나무 창호를 설치했지만 결국 현대식 새시로 바꾸고 싶어 하는 한옥 건축주들을 참 많이 만났다. 우리 역시 마찬가지다. 다시 창호를 선택하는 순간으로 돌아간다면 비싸더라도 한식 시스템 창호를 설치하거나, 지원금이 일부 깎이더라도 마당에 면한 창만큼은 아파트와 같은 통유리창 새시를 선택할 것 같다.

한옥마다 똑같이 생긴 대문도 이 규제 탓이다. 한옥의 대문은 폭이 똑같은 나무 문 두 쪽이 양방향으로 열리도록 설치해야 한다. 나는 이런 한옥 대문에 '이리 오너라 문'이라는 별칭을 붙였다. 내가 열기보다 남이 열어줘야 편한 문이기 때문이다. 조선시대를 떠올려 보자. 지체 높은 어르신이 커다란 대문 밖에서 "이리 오너라~" 외치면 집 안의 하인들이 달려 나와 빗장을 열고 문을 양쪽으로 활짝 열어젖힌다. 어르신은 갓을 만지고 도포자락 휘날리며 입장하면 된다.

하지만 요즘에는 양 여닫이 문에 보안을 위해 빗장 대신 도어락을 설치한다. 도어락을 설치한 문은 고정해야 해서 결국 한쪽 문만 쓰게 된다. 문 두 쪽을 만들어도 한쪽밖에 못 쓰니 주로 다니는 문을 더 넓게, 도어락을 설치하는 문을 좁게 만드는 집도 생겼다. 대문이 차지하는 공간이 꽤 큰데 안 쓰는 문마저 크게 만드는 것은 비효율적이다. 하지만 이 비대칭형 대문은 심의에서 몇 집만 통과되고 금지 사항이 됐나.

무엇보다 대문간(대문을 여닫기 위해 대문 안쪽에 둔 빈 곳)을 따로 만들어야 한다. 한옥에서는 아파트처럼 문을 열고 바로 실내로 들어갈 수 없게 규제한다. 대문을 열고 마당을 지나야 집 안으로 진입할 수 있다.

사실 독립적인 대문간은 큰 대지에 사랑채, 안채, 별채 등

비대칭의 양 여닫이 문을 설치한 어느 한옥의 모습.
실용성을 위해 도어락으로 고정된 문 외에
주로 쓰는 문을 더 크게 만들었다. 하지만 서울시는
대칭형 문을 설치하도록 규제하고 있다.

을 갖춘 규모 있는 한옥에서나 제 기능을 한다. 대문간은 밖과 안이 섞여 있는 집을 아우르는 출입문 역할을 하는 것이다. 하지만 도심 한옥의 경우 ㄷ자 또는 ㅁ자로 실내 공간이 모두 이어져 있다. 굳이 독립적인 대문간을 둘 필요가 없지만 규제 탓에 작은 한옥에도 대문간을 따로 둬야 한다.

이런 대문간을 두지 않기 위해 한옥 심의 때 눈물겨운 읍소를 하는 경우도 있다. 서촌에 아주 작은 한옥을 새로 지은 지인의 이야기다. 이 집의 경우 대문을 열고 들어서면 바로 실내 공간으로 이어진다. 신발을 벗는 현관 공간이 나오고, 중문을 거쳐 실내로 들어가는 구조다. 이렇게 짓기까지 우여곡절이 많았다. 집을 지을 당시 싱글 여성이던 그는 방문객이 오면 마당을 거쳐 대문을 열어야 하는 상황이 무서웠다고 했다. 심의위원회에서는 계속 거부했지만 그는 안전에 문제가 생길 수 있다고 강력하게 주장했고, 마침내 심의를 통과했다. 기껏해야 10평 남짓한 집인데 대문간을 따로 두는 것이 비효율적이라는 점도 고려됐다. 심의에 통과하는 순간까지 독립적인 양여단이 대문간을 고집했던 몇몇 심의위원들은 "이 집을 끝으로 더 이상 한옥에서 아파트 현관 시스템은 안 된다"라고 으름장을 놨다고 한다.

심의위원이 누구냐에 따라 결과는 달라질 수 있다. 하지만 '이리 오너라 문'은 전통이라는 이름으로 융통성 없이 이어져오고 있다.

타일은 지양하라.

최근 수선을 한 종로구 옥인동의 어느 한옥은 옥빛의 아름다운 타일 외벽을 갖고 있다. 다른 한옥에서는 보기 어려운 풍경이다. 옛날 모습 그대로 보존하기 위해 집주인은 서울시의 한옥 수선 지원금을 포기했다. 서울시의 심의 규정을 따르면 타일이나 벽돌을 못 쓰기 때문이다.

서울시의 한옥 지원금을 받은 집은 외벽과 담장이 세트장처럼 똑같이 생겼다. 벽은 주로 삼단 구성인데 가장 윗부분에는 창과 하얀색 회벽이 있고, 중간 부분에는 네모난 사괴석을 쌓은 화방벽火防壁, 맨 아래에는 집의 토대인 기단석을 이룬다. 은평 한옥마을의 한옥도, 서촌의 우리 집도, 북촌의 한옥도 모두 똑같다.

하지만 근대 도시 건축의 산물인 서촌이나 북촌에는 타일 외벽을 가진 한옥이 꽤 있다. 어떤 집은 옥빛 타일, 어떤 집은 흰빛, 어떤 집은 붉은빛의 타일. 색깔도 크기도 제각각이다. 나름 모자이크 문양을 내기도 한 동네 한옥의 타일 외벽을 보면서 집집마다 개성 있는 색감을 뽐내는 스페인 소도시의 골목길을 걷는 기분이 들어 즐거웠다. 나무색, 흰색, 검은색 위주인 한옥에도 색을 입힐 수가 있구나. 독특한 색감에 더해 실용성도 갖췄다. 돌보다 타일이 더 싸고, 돌을 다듬어 쌓는 것보다 타일을 붙이는 것이 공사하기에도 편하다.

최근 수선을 마친 종로구 옥인동의 어느 한옥의 모습.
원래 있던 옥빛 타일을 그대로 보존했지만, 서울시는
타일이나 벽돌 같은 자재를 한옥 외벽에 쓰지 못하게 규제하고 있다.

한동안 동네를 산책할 때마다 타일 외벽을 가진 한옥을 보면 사진을 찍었다. 곧 사라질 서촌의 근대문화유산을 기록해야겠다는 생각에서다. 타일 외벽을 가진 한옥이더라도 서울시의 지원을 받아 개·보수하면 모두 똑같은 삼단 외벽으로 바뀐다. 결국 한옥 육성책에 따라 동네의 고유한 특성은 지워지고 있다.

이처럼 전통 재료와 방식에 갇혀 있는 한옥의 현실이 정말 답답하다. 조선시대에 멈춰 있는 서울시의 한옥 정책과 달리, 한옥은 한 시대에 고정되어 있던 집이 아니었다. 시대에 따라 타일을 쓰기도 했고 유리를 사용하기도 하며 변화해 왔다. 집도 변해야 산다. 멈춰 있는 집에는 더 이상 사람이 살 수 없다.

지금은 지을 수 없지만, 선조들은 벽돌조 한옥도 지었다. 벽돌은 돌을 일일이 가공해 써야만 했던 과거의 작업 방식을 완전히 깨부순 혁명적인 소재다. 작아서 옮기기도 편하고 규격이 정해져 있어 시공하기도 좋았다. 공장에서 대량생산도 가능했으니 조선시대에 벽돌은 그야말로 최신식 재료였다. 19세기만 해도 중국에서 벽돌을 수입해 썼다. 20세기에 들어서야 벽돌 공장이 생겼고, 조선 말기에는 궁궐을 지을 때도 벽돌을 꽤 많이 사용했다.

국내에서 가장 오래된 벽돌조 건물은 서울 삼청동 금융연수원 안에 있는 '번사창'이다. 1884년에 준공된 번사창은 무기 제조소와 창고로 쓰였다. 검은색 전벽돌과 붉은 벽돌로 지어졌다. 밖에서 보면 기와지붕이지만, 안에 들어가면 지붕 구조가 한옥과는 다르다. 서양식 트러스^{truss}(직선으로 된 여러 개의 뼈대 재료를 삼각형이나 오각형으로 얽어 짜서 지붕이나 교량 따위의 도리로 쓰는 구조물) 구조로 설치됐다. 1900년에 지어진 한국 최초의 한옥 성당인 성공회 강화성당도 벽돌조 한옥이다. 겉모습은 한옥인데 안으로 들어가면 메인 진입로를 중심으로 양측에 두 개의 통로가 있는, 이른바 '바실리카^{basilica}' 양식으로 지어졌다. 서양의 종교의식을 수행하는 곳이지만 한국인들에게 친근한 공간으로 다가가기 위해 고심해 지은 건물이다.

1930년대 들어 소위 집장수들이 지은 도심 한옥을 보면 유리, 벽돌, 타일, 함석 등 신식 재료를 많이 썼다. 서촌과 북촌에 이런 집이 꽤 많다. 집의 단열 성능이 떨어져서 외벽에 벽돌을 덧대는 경우도 많았다. 벽돌 벽을 쓰면 지붕의 무게를 버티느라 목재를 많이 쓰지 않아도 되니 비용도 아낄 수 있다. 예나 지금이나 나무는 비싸다.

만약 한옥이 오늘날에도 계속 지어졌다면, 벽돌 한옥은 더 많아졌을 것이다. 정부는 한옥을 육성하겠다며 벽돌을 막무가내로 쓰지 못하게 할 게 아니라, 벽돌 한옥의 가능성을 더 연구해야 하지 않을까.

담장의 재료는 장대석, 사괴석, 붉은 벽돌, 와편, 회벽 등 전통적인 재료를 사용하여 전통 무늬와 장식으로 구현하는 것을 담장 규제는 더 심하다. 심지어 담장 위에 기와를 얹어야 한다. 담장이 한옥 몸체를 가려서는 안 된다. 길에서 한옥을 볼 수 있게 담장이 낮아야 한다. 다시 한번 말하자면 한옥은 철저히 남에게 보여주기 위한 집이다.

전통 방식으로 쌓는 한옥 담장은 비싸다. 돌값도 기왓값도 비싼 탓이다. 집이 다닥다닥 붙어 있어 사방으로 담을 칠 공간이 없는 도심 한옥은 그나마 형편이 낫다고 해야 하나. 도심 한옥에 비해서 땅이 넓은 은평 한옥마을의 경우, 담장을 둘러치고 대문간까지 만드는 데 5,000만 원은 족히 든다고 했다. 이러니 한옥 짓기가 참 힘들다. 남이 보기에 좋은 집치고는, 담장값이 너무 비싸다. 우리 집의 경우 회벽에 기와 조각인 와편을 넣은 전통 한식 담장을 설치했는데, 공사비가 270만 원이 들었다. 길이가 2미터밖에 안 되는 담장값이 그렇다.

옛 한옥을 보면 흙으로 담장(토담)을 만들기도 하고 반듯한 사괴석이 아닌 막돌로 담장을 쌓기도 했다. 지역에서 쉽게 구할 수 있는 재료를 가지고 각자의 필요와 형편에 따라 담장을 만들었다. 서울시 지침에는 벽돌도 쓸 수 있다고 명시했지만, 일정 부분 모양을 내기 위해 넣는 정도다. 벽돌로만 쌓은 담장은 허용되지 않는다.

북촌에 있는, 1913년에 지어진 근대 한옥으로 유명한 백인

제 가옥에는 유리창과 벽돌이 많이 쓰였다. 동서양 문화가 한옥이라는 틀 안에서 조화롭게 섞여 있다. 이곳에 가면 빨간 벽돌로만 쌓은 담장과 문을 볼 수 있다. 사랑채 정원으로 향하는 문인데, 마치 한옥의 지붕처럼 나무 서까래와 기와를 얹은 듯한 느낌을 벽돌로 표현했다. 앞서 말한 홍건익 가옥의 일부 벽에는 시멘트가 발라져 있다. 석회와 모래를 섞어 바르는 회벽보다 시멘트는 더 신식 재료였다. 하지만 요즘 한옥은 더더욱 과거를 지향한다. 건축 재료가 다양하게 발달한 오늘날에 왜 한옥은 조선시대로 돌아가야만 하는 걸까.

지붕에는 전통 한식 기와 또는 개량형 한식 토기와를 사용하여야 한다.

최근 국책연구기관 소속 한옥 전문가와 통화를 하다 놀라운 이야기를 들었다. 한 사찰의 기와지붕을 새로 공사했는데 몇 년 지나지 않아 가보니 지붕 속이 죄다 썩어 있었다고 했다. 부실시공 탓도 있었겠지만 기후 변화의 영향이 컸다. 마치 동남아시아의 스콜처럼 짧은 시간 동안 폭우가 오는 경우가 많아지다 보니 기와 아래 진흙이 마를 새 없이 젖어 있다 결국 나무를 썩게 만든 것 같다고 전문가는 전했다.

한옥은 건축법에 명시된 대로 '한식 기와를 올린 지붕'으로 지어야 한다. 옛날에는 비를 막을 수 있는 드문 재료이자 고급

재료인, 흙을 구운 기와를 지붕에 올렸다. 지붕에 이런 기와를 수백 장 올리고, 이를 진흙으로 고정시킨다. 기와에 진흙까지 잔뜩 올리니 한옥 지붕은 상상을 초월할 정도로 무겁다.

이 지붕 무게를 버텨내기 위해 한옥에는 목재가 정말 많이 쓰인다. 기둥도 대들보도 두꺼워지고, 지붕 구조도 복잡해진다. 지붕이 가벼우면 부재가 클 필요가 없다. 요즘 많이 짓는 일본식이나 서양식 중목구조(주요 구조부의 치수가 125×125밀리미터 이상인 부재로 건축되는 목구조. 무겁고 두꺼운 목재로 만든 기둥과 보가 하중을 지지한다) 집을 보면 한옥의 나무 구조보다 훨씬 간결하다. 한옥 건축비의 30퍼센트 이상이 골조 비용, 즉 나뭇값이다. 한옥 지붕이 바뀌어야 고가의 건축비를 그나마 낮출 수 있다는 지적이 나온다. 더군다나 기후 변화로 진흙을 올려 짓는 전통 방식의 기와지붕은 점점 한계에 부딪히고 있다. 요즘에는 진흙을 올리지 않고 개량형 한식 토기와를 지붕에 바로 고정시키는 방식으로 짓기도 한다. 하지만 여기서 더 나아간, 방수가 되는 현대식 지붕 재료는 이미 많다. 일반 주택에서 많이 쓰는 강판보다 한식 기와는 두세 배 비싸다. 한옥 지붕에 쓰이는 재료도 다양해져야 하고, 그러려면 지금보다 더 많은 실험을 해야 한다.

비싼 기와지붕에는 그만큼 비싼 재료가 하나 더 설치돼야 한다. 물받이다. 처마 끝에 물받이를 설치하지 않으면 기와지붕의 고랑으로 빗물이 타고 내려와 처마 아래에 폭포를 만들 수 있다. 그래서 물받이를 설치해 빗물이 튀지 않고 바닥으로 흐르게 유도한다. 그런데 이 물받이를 동판으로 설치해야 한다. 서울시의 한옥 심의 규정에 명시된 내용은 아니지만, 모두가 암묵적으로 지키고 있는 것 중 하나다. 견고한 자연 소재고 전통적인 느낌을 준다는 이유에서다. 금·은과 나란히 설 정도로 동값은 비싸다. 은평 한옥마을에서는 물받이 설치에만 2,000만 원이 들었다는 집을 흔하게 찾아볼 수 있다.

정부가 육성하겠다는 한옥은 조선시대 원형 그대로의 한옥일까. 그렇다면 한옥 육성책은 실패할 수밖에 없다. 원형을 보존하는 데만 집착하지 말고, 달라진 시대상에 맞춰 한옥의 어떤 가치를 지키고 육성해야 할지 고민해야 한다. 우리가 살려고 짓는 집은 과거에 박제된 한옥이 아니었다. 그런 한옥에서는 사람이 살 수 없다! 시대에 맞게 한옥 정책도 다양한 요구를 수용해야 한다! 우리는 열심히 외쳤지만, 한옥 정책을 총괄하는 국토교통부와 서울시 그리고 종로구청, 마지막으로 한옥심의위원회의 대답은 한결같았다. "응 아니야. 지침대로 안 하면 지원금을 깎는다."

우리 집은 한옥 심의를 무난히 통과했다. 반감은 컸지만 조선시대 한옥 스타일로 지었다. 한옥 초보자가 가이드라인을 벗어나는 도전을 하기란 어렵다. 지원금의 유혹도 뿌리치기 어렵다. 하지만 이 경험을 안고서 다시 집을 짓는 순간으로 돌아간다면 우리는 지원금을 받지 않고 우리가 원하는 대로 한옥을 짓거나 고칠 것이다.

정부도 노력은 한다. 서울시는 한옥 선언 이후 은평 한옥마을을 조성하기 시작하면서 2013년에 시범 한옥 한 채를 지었다. 국토교통부와 국토교통과학기술진흥원이 지원해 한옥기술개발연구단이 2009년부터 5년간 연구해 지은, 은평 한옥마을의 첫 번째 집이자 모델하우스인 '화경당'이다.

평당 685만 원의 공사비가 홍보 포인트였다. 한옥의 대중화를 위해 공사비는 낮추고 성능은 높였다고 했다. 정권마다 앞세웠던 '반값 아파트'처럼, 한옥 시장에도 '반값 한옥'이 강조됐다. 국토부에 따르면 이 한 채의 반값 한옥을 개발하기 위해 연구개발비로 총 177억 원(정부 출연금 133억 원, 민간 출연금 44억 원)을 썼다.

당시 정부는 "건축비가 전통 한옥의 60퍼센트 수준으로 저렴하면서 성능이 우수한 현대적 스타일의 시범 한옥"이라고 강조했다. 한옥기술개발연구단도 "춥고 불편한 한옥이라는 기존 인식에서 벗어나 '건강 주택'인 한옥에 대한 국민의 이해를 돕고, 대중적인 한옥의 보급에 구심점이 될 것"이라고 밝혔다.

그런데 이 반값 한옥은 한 채로 끝났다. 왜일까. 은평 한옥마을 주민들에게 물었더니 다들 할 말이 많았다.

나도 처음에 평당 700만 원에 한옥을 짓는다면 해볼 만하다 싶어 땅을 샀어요. 그런데 두 배 이상이 들었다니까요. 사기예요. 그야말로 연구 결과물로 지어진 것이지, 실제 민간에 관련 자재를 공급할 수 있는 상황이 아닌 거예요. 주민들이 화경당을 만들 때 쓰인 신자재를 개발한 업체에 자재를 구매할 수 있는지 문의하니까 안 된대요. 관급 공사에만 자재를 공급한다나요. 이상한 일이죠.　주민 A 씨

연구개발비로 177억 원을 써서 나온 평당 700만 원짜리 한옥이에요. 사실상 시범 한옥 한 채 짓는 데 177억 원을 쓴 거 아닌가요. 아는 한옥 시공사 대표한테 들었는데 정부 연구단이 이번에 개발했다는 기술은 이미 시중에 다 나온 기술이라 그걸 갖다 쓰면 될 텐데 왜 굳이 그 연구비를 들였을까 싶다더군요. ─주민 B 씨

일단 다 떠나서 안 예뻐요. 단가를 낮추려다 보니 그리된 것 같아요. 결국 시범 한옥이 이 마을에 준 교훈은 저렇게 지으면 안 된다는 것뿐이죠. ─주민 C 씨

가격에만 초점을 맞춘 '반값 한옥' 프로젝트는 결국 외면당했다. 주민들은 "차라리 정부가 2층 한옥의 공법이나 안정성 등을 연구했다면 좋았을 것 같다"라고 입을 모았다. 2층 한옥의 경우 1층과 2층의 이음새에 하자가 생겨 비가 새는 집이 꽤 많다고 했다.

더군다나 은평 한옥마을에는 서울시가 한옥 등록 자체를 거부하고 있는 한옥이 한 채 있다. 이 한옥의 주요 구조부는 철골이다. 그런데 나무 기둥처럼 보인다. 철골을 나무로 다시 감쌌기 때문이다. 나무가 수축·팽창하면서 발생하는 문제를 극복하면서 공간을 다양하게 활용하기 위해 이런 시도를 했다. 집주인을 만나 이야기를 들어보니 그는 "다른 재료와 섞어 사용할 경우 마감을 목재로 하면 된다는 방침이 있어 시도했다"라고 말했다.

하지만 서울시는 이후 규정을 매만지면서 이 집은 한옥이 아니라고 못 박았다. 서울시 한옥관리팀 관계자는 "주요 구조부가 목재가 아닌 철골이라 한옥 등록이 어렵다"라고 전했다. 하지만 아이러니하게도 은평 한옥마을에는 이런 철골 한옥이 한 채 더 있다. 은평구가 운영하는 마을회관이다. 국토부의 신한옥형 공공건축물 공모사업을 통해 2016년에 지었는데 지하 1층, 지상 2층 규모로 국비와 시비를 합쳐 공사비만 13억 2,000만 원이 들었다. 공공에서 신한옥이라며 철골 한옥을 지어놓고선 민간에서 지은 것은 한옥이 아니라고 부정하고 있는 셈이다.

나와 진택은 한옥을 지으며, 그리고 한옥에서 사는 사람들을 만나며 확신하게 됐다. 한옥은 결코 대중화될 수 없는 집이다. 조선시대에 머물러 있어야 하는 집을 어떻게 대중화할 수 있겠는가. 원형을 박제해 놓고 흉내 내봤자 집은 어설퍼질 뿐이다. 반값 한옥이 아니라 가짜 한옥이 되고 만다. 정책을 추진할 때 보존해야 할 문화재로서의 한옥과 오늘날 살림집으로서의 한옥은 분리돼야 한다. 사람이 살지 않는 문화재는 원형 그대로 보존해야 할 테지만 살림집 한옥은 변해야 살아남을 수 있다.

안타깝게도 정부의 전통 강박증은 한옥뿐 아니라 도시 곳곳에서 발견할 수 있다. 원형 그대로의 전통만을 고수하다 보니, 전통은 불편하고 우스꽝스러운 옛것이 되는 경우가 많다.

1기 신도시인 일산과 분당 등에 이어 2008년부터 조성 중인 2기 신도시인 경기도 화성시 동탄2지구의 콘셉트는 매우 독특하다. '한국식 전통 신도시'가 되는 것이 목표다. 콘셉트대로 도시가 만들어진다면 전통을 갖고 태어난, 세계에서 유례없는 신도시가 탄생하게 된다. 그런데 전통 신도시란 대체 어떤 신도시일까? 정부는 전통을 어떻게 정의하고 있는 걸까?

전통을 구현하고 해석하는 방식을 보니 맥이 빠진다. 정부는 동탄2신도시 내 단독주택 단지의 담장을 한식 담장으로 설치하라고 규제했다. 한식 담장을 두지 않을 경우, 나무를 심어 만드는 산울타리를 설치하게 했다.

양옥과 한식 담장의 조화라니, 껍데기만 흉내 낸 전형적인 과거로의 회귀다. 한국토지주택공사LH는 한식 담장을 구현하기 위해 담장 높이 규제를 2미터 이하로 완화했다. 정부는 2기 신도시를 시작으로, 신도시계획을 할 때마다 담장 높이를 제한하고 있다. 열린 도시, 사이좋은 이웃사촌을 콘셉트로 아예 담장을 없애거나, 담장 높이를 최대한 낮추고(대략 1.2미터) 산울타리를 치게 한다. 동탄 신도시의 담장 높이를 2미터로 완화한 것은 전통 한식 담장 탓이다. 전통 담장을 구현하려면 돌을 쌓아 만든 담장 위에 기와지붕도 얹어야 하는데 다른 신도시처럼 담장을 1.2미터로 낮추면 한식 담장의 모양을 제대로 만들 수 없기 때문이다.

이례적인 규제 완화에도 불구하고 동탄2신도시에서 한식 담장을 설치한 집은 한 곳도 없다. 노출 콘크리트로 지은 집에 한식 담장을 설치할 집주인이 누가 있으랴. 결국 전통 신도시 실험은 허무하게 끝나고 말았다.

특히 유명 문화재가 있는 도시일수록 전통 강박증이 심하다. 수원시도 마찬가지다. 유네스코 문화유산으로 지정된 수원화성을 품은 동네인 팔달구 행당동에는 기와집이 유독 많다. 한옥이 아닌데도 집마다 지붕에 한식 기와 또는 기와 무늬 강판을 얹었다. 콘크리트 건물에도 기와지붕을 얹었다. 마치 양복 입고 갓을 쓴 것처럼 어색한 모양새다.

어찌 된 일일까. 행당동에 사는 사람들이 유독 기와지붕을 좋아해서일까. 이는 지자체의 전통 강박증이 만든 도시 풍경이다. 수원시는 2013년 우리나라 성곽 건축의 백미로 꼽히는 수원화성과 조화를 이루는 도시 정비 및 경관 계획을 수립하겠다며 지구단위계획을 수정했다. 이에 따르면 건물을 신축할 때 무조건 기와지붕을 설치해야 한다. 지붕에 쓸 수 있는 재료는 한식 기와, 일반 점토 기와, 전통형 기와 무늬 강판으로, 이 역시 지구단위계획에 규정되어 있다. 콘크리트 건물이라도 지붕은 한식 기와여야 한다. 성곽 안 동네(행궁동)와 바깥 동네 일부는 이 지구단위계획에 따라 건축해야 한다. 획일적인 규제가 오히려 어색한 집을 만들고 있는 것이다.

2019년 행당동에 모양새가 남다른 집 한 채가 들어섰다. 시멘트 벽돌 외벽에 타이타늄 아연판 지붕을 얹었다. 규제를 따르지 않고 이 동네에서는 쓸 수 없는 재료로 만들어졌는데도, 원래부터 이 오래된 동네에 있었던 듯 자연스럽고 주변과도 조화를 이룬다. 정수장을 서울 선유도 공원으로 재탄생시킨 건축가 조성룡 선생이 젊은 부부를 위해 설계한 이층집이다.

물론 정부의 허가를 받기까지 지난한 과정을 거쳤다. 건축가는 이 새로운 재료로, 화성이 품은 오래된 동네의 경관과 더 잘 어울리는 집을 지을 수 있다고 끈질기게 설득했다. 숱한 의

견서가 오가고, 수개월의 설득 과정을 거친 결과 마침내 심의를 통과했다. 건축가는 기와지붕을 쓰지 않은 이유를 이렇게 설명했다.

"(지침대로 기와지붕을 쓰면) 건물보다 지붕이 지나치게 무거워 보여서 오히려 주변 건물과 조화롭지 못해요. 진회색인 금속재 타이타늄 아연판으로 삼각 지붕을 만들기로 계획했고, 계속 관공서를 설득했죠."

나는 취재 당시 이 작은 집을 대하는 노장 건축가의 진정성에 감복했다. 조성룡 선생은 프로젝트의 크기와 관계없이, 오늘날을 살아가는 우리가 어떤 가치를 지키며 건물을 짓고, 도시를 만들어 갈 것인가라는 화두를 붙들고 있었다. 그리고 현장에서 지치지 않는 열정으로 질문했다. 기와 규제라는 장애물을 맞닥뜨렸을 때 이 노장 건축가는 정면 승부해 돌파했다. 그는 늘 현장에서, 실제로 공사했을 때 달라지는 미세한 부분들까지 살피며 디자인을 다듬고 정리해 나갔다.

"현장에서 상황에 따라 정리해 나가는 거죠. 안 하면 안 되는 과정입니다. 도면만 그리고 끝내버리면 현장에 대한 배려가, 자세가 안 되어 있는 거죠. 조금의 차이예요.. 하지만 그게 나중에 가서 굉장히 큰 차이를 만들어 냅니다. 건축이라는 게 거대한 아이디어도 중요하지만 결국은 완성되는 순간까지 작은 요소들이 모여서 전체를 만들어 나가는 거니까요."

조성룡 선생의 말을 오늘날의 한옥에 빗대어 자주 곱씹어

본다. 정부는 조선시대 한옥의 요소들을 얼기설기 모아놓고 대체 어떤 한옥을 짓게 하는 걸까. 비싸고 불편한 집의 대명사가 되어버린 한옥에 희망이 있는 걸까. 하지만 나는 한옥에도 여전히 희망이 있다고 생각한다. 정부의 규제 너머, 젊은 디자이너들이 재탄생시킨 한옥에서 숱한 가능성을 보았기 때문이다.

서울 종로구 계동에 있는 한옥 카페 '어니언'은 한옥살이를 앞둔 우리에게 아주 흥미로운 공간이었다. 도심에서는 보기 드물게 큰 규모의 한옥을, 현대에 맞게 리모델링한 솜씨가 보통이 아니었다. 어니언은 2019년 3월에 문을 열었는데 문을 열기도 전에 SNS에서 폭발적인 반응이 쏟아졌다. 개업하자마자 하루에 약 1,000명이 몰리며 북새통을 이뤘다. 특히 젊은 층의 반응이 범상치 않았다. 어니언은 이른바 '힙스타 성지'가 됐다.

한옥 카페로 각광받았지만, 사실 어니언은 전통적인 한옥의 문법을 과감히 깬 공간이다. 서울시의 한옥 심의를 거쳤다면 결코 탄생할 수 없는 곳이다. 한옥의 멋을 살리면서도 현대 생활에 맞추어 공간을 매만졌다. 어니언이 문을 열고 나서 두 달 뒤인 2019년 5월의 어느 봄날, 이 공간을 만든 디자인 듀오 '패브리커'의 김성조·김동규 디자이너를 만났다.

두 사람은 월요일 오전 7시에 카페에서 보자고 했다. 그때가 아니면 손님들이 붐벼 공간 사진을 찍기 어려울 것이라고 했다. 오전 7시에 두 사람을 만나 인터뷰하는 사이 젊은 손님들이 하나둘씩 카페를 찾았다. 이른 아침부터 잘 차려입은 청춘들이 곳곳을 돌아다니며 사진을 찍고 또 찍었다. '인스타 성지'다웠다. 사람이 몰리니 주변 상권에도 영향을 미쳤다. 현대그룹 사옥 등이 있는 계동은 주변 회사들이 쉬는 주말에는 썰렁한 상권이었다. 하지만 어니언의 영향으로 주말에도 인파가 몰리자, 주변 가게들이 하나둘씩 장사를 하기 시작했다.

어니언 안국점은 가운데 중정을 두고 ㅁ자로 배치된 한옥이다. 661제곱미터(200평) 규모로 북촌에서 보기 드물게 큰 한옥이다. 1920~1930년대 북촌에는 커다란 필지를 쪼개 여러 채의 작은 한옥을 짓는 개발이 마치 유행처럼 이루어졌다. 지금 북촌을 이루는 대다수의 한옥이 그 당시에 지어졌다. 카페는 당시 개발 물결에서 체격을 유지한 채 드물게 살아남은 한옥이다. 물론 용도는 계속 바뀌었다. 100년 넘은 고택답게 조선시대에는 포도청 관련 건물이었지만 한의원, 요정, 한정식집이 됐다가 한동안은 비어 있었다.

용도에 따라 모습도 바뀌었다. 아이러니하게도 살아남기 위해 원래 한옥의 모습은 점점 사라졌다. 단열을 위해 서까래 아래로 평평한 천장을 설치했고, 중정 마당에도 마치 실내처럼 지붕을 덮었다. 패브리커가 처음 임대 계약을 할 당시만 해도 공간에 들어섰을 때 집은 한옥처럼 보이지 않았다고 했다. 두 디자이너는 집주인을 찾아가 이래저래 불법으로 확장한 공간을 없애고 원래 한옥의 모습으로 되돌리자고 설득했다. 집주인으로서는 쉽지 않은 결정이었다. 기껏 넓게 쓰려고 이래 저래 덧대어 놨는데 철거하기 아까웠을 것이다. 하지만 "주말에는 마치 섬처럼 썰렁해지는 현대빌딩 주변 상권에서 외국인들이 찾아오는 핫플레이스로 만들겠다"라는 이들의 말에 집주인도 공사에 동의했다.

그렇게 한옥에 덧댄 것들을 철거하는 데만 두 달 걸렸다. 패브리커는 한옥의 원래 모습을 되찾은 뒤 오늘날의 생활에 맞게 새로운 한옥으로 디자인했다. 이들에게도 가장 큰 애로사항은 좁은 공간이었다. 앞서 말했듯 한옥의 주요 자재인 나무가 만들어 내는 본질적인 한계다. 기둥 간격이 넓을수록 굵고 큰 목재를 써야 하니 방 폭이 복도처럼 좁아진다.

패브리커는 이를 해결하기 위해 유리를 사용했다. 한옥은 기본적으로 기둥식 구조다. 기둥이 뼈대가 되기에 벽을 허물어도 구조적으로 문제가 없다. 이들은 우선 기존 벽체를 허물었다. 그리고 기둥 바깥에 유리로 만든 새로운 벽체를 세웠다. 밖에서 보면 유리벽을 통해 초석 위에 올려진 기둥이 훤히 보인다. 진열대 등을 놓기 좋게 공간을 넓히면서도 한옥의 구조를 한눈에 관찰할 수 있게 했다.

좌식 생활에 맞춰진 기존 한옥 공간에 대한 고민도 많았다. 좌식이 모두에게 편한 것은 아니다. 외국인의 경우 신발을 벗고 양반다리로 앉는 것 자체를 힘들어한다. 때론 카페 용도에 맞게 테이블과 의자도 놓아야 했다. 그래서 바닥을 낮췄다. 기존 한옥은 바닥에 앉았을 때의 눈높이에 맞춰 공간이 만들어졌다. 한옥에 서 있으면 유독 천장이 낮게 느껴지는 이유다. 좌식생활에 맞게 만들어진 공간에서 입식생활을 하면 어색할 수밖에 없다.

패브리커는 바닥에 앉았을 때 느끼는 공간감을 서 있을 때도, 의자에 앉았을 때도 똑같이 느끼게 하고 싶었다고 했다. 그래서 테이블과 의자를 놓는 곳은 40센티미터, 서 있는 곳은 80센티미터 정도 바닥을 낮췄다. 양반다리로 바닥에 앉았을 때의 눈높이를, 공간감을 똑같이 유지하기 위한 해법이었다.

앞으로 한옥 공간의 비례는 어떻게 바뀌어야 할까. 한옥을 전통이라는 굴레에만 가둬둘 것이 아니라 현대 생활에 맞는 한옥은 무엇인지부터 연구해야 하지 않을까. 한옥 카페 어니언은 한옥을 원형대로 보존한 곳은 아니지만, 오히려 옛 공간의 원리를 더 잘 이해하게 하는 공간이다.

결국 사는 사람이 주인공이 돼야 한다. 한옥이 주인공이어서는 명맥을 이어가기 힘들다. 한옥을 어떻게 이어갈 것인지 옛것의 기치와 현대 생활의 변화를 두루 살피고 공간에 담아내는 작업이 필요하다.

100여 년 전 지어진
한옥이 오늘날 '힙스터
성지'로 탈바꿈했다.
입소문 난 한옥 카페
'어니언'이 그 주인공이다.
좁은 한옥 공간을 넓히기
위해 유리를 활용했다.

'어니언'에서는 나무
기둥 아래 주춧돌이 훤히
보인다. 한옥 바닥에
앉았을 때 느끼는
공간감을 서 있을 때도
똑같이 경험할 수 있게
바닥을 더 낮췄다.

프로 불편러의
탄생

진택은 사실 참 순한 사람이다. 대체로 자기주장을 앞세우지 않는다. 좋고 싫은 것이 분명한 쪽은 늘 나였다. 오이는 싫고, 오이 향 비누는 더 싫고, 오이 향 손 소독제는 '극혐'이라는 식으로 호불호를 내세우는 내게, 그는 늘 휘어지는 갈대처럼 유연히게 화답했다. "네가 하고 싶은 대로 해, 내가 언제나 함께할게"라는 식이었다. 대신 진택은 꼼꼼하고 끈기가 있어서 허술한 돌격 대장인 나의 빈틈을 메워줬다.

이런 진택이 어느 순간부터 '프로 불편러'가 됐다. 그가 싸움꾼으로 변해가는 때 나는 일이 유독 바빠서 다소 멀찍이서 관전했다. 그가 싸우는 대상은 주로 관공서였다. 2018년 봄날, 그의 싸움꾼 기질에 발동이 제대로 걸렸다. 사건의 발단은 종로구청이 우리 집의 건축 인허가를 반려한 것이었다. 혼란스러운 법규 탓에 벌어진 일이었다.

진택은 우리 집의 건축 인허가를 내어줄 종로구청, 지자체의 한옥 정책을 만들고 한옥보존지구를 지정·관리하는 서울시, 건축법 및 한옥 등 건축자산의 진흥에 관한 법을 운영하는 국토교통부를 상대로 질의 또는 검토 요청서를 무시로 넣기 시작했다. 그는 프로 불편러이자, 프로 민원인이 됐다. 하지만 민원은 쉽게 해결되지 않았다. 담당 공무원이 출장 중이거나, 휴가 중이거나, 회의 중일 때가 많았고, 혹여나 연결이 되더라도 속 시원한 답을 들을 수 없었다. 이쪽저쪽 관공서끼리 서로 업무를 떠넘기는 모양이었다.

종로구청은 국토교통부의 유권 해석을 받아오라고 하고, 국토교통부는 지자체와 협의하라며 판단을 미루고, 서울시는 실제 인허가권자인 종로구청의 주장을 이해하지 못하겠다고 했다. 보통의 민원인이라면 나가떨어질 법도 한 공공의 매서운 핑퐁게임이었다.

그런데 진택은 포기하지 않았다. 더욱 '벌크업'을 해서 기어이 관공서가 허공에 멀리 날린 공을 낚아채 다시 그들을 향해 내리꽂았다. 그것도 강스파이크로! 집을 지으면서 알게 되었는데, 진택은 공문서 작성에 뛰어난 능력을 가졌다. 그는 마치 본인이 인허가를 담당하는 공무원인 양, 관련 검토 요청서를 써 내려갔다. 관공서에서 가장 필수적으로 검토하는 각종 근거와 관련 판례를 일목요연하게 정리해 민원으로 접수했다. 그냥 넘어갈 수 없게, 대충 답할 수 없게, 치밀하게 자료를 작성하다 보니 그는 점점 공문서의 달인이 되어갔다.

우리 집의 건축 인허가가 반려된 것은 처마 탓이었다. 한옥업계에서는 2018년 2월부터 한옥의 처마 이격 기준이 완화될 것으로 예상하고 있었다. 한옥은 양옥과 달리 건물 벽 바깥으로 처마가 나와 있다. 도심 속 일반 주거지역에서는 집을 신축할 때 대지 경계선에서 0.5미터 안쪽에 벽체를 세워야 하는데, 이 처마가 시빗거리였다. 양옥의 경우 단순히 벽체를 기준으로 0.5미터 이격하면 되지만, 한옥은 처마 끝이 기준이 된다. 결국 한옥의 벽체는 훨씬 더 안쪽으로 들어가야 한다. 같은 면적의 땅이라도 양옥보다 한옥이 더 작아지는 이유다.

집 내부를 조금이라도 더 넓히려고 하다 보니 도심 한옥은 처마 내기에 인색할 수밖에 없다. 그래서 처마가 유독 짧다. 처마를 길게 내면 더 아름답고 집을 더 잘 보호할 수 있다는 것을 잘 알고 있지만 도심에서는 그런 집을 짓기 어렵다. 현대 건축 기준과 한옥의 현실은 맞지 않다. 건축법은 철저히 양옥을 기준으로 만들어졌고, 건축법에 한옥의 정의가 생긴 것도 기껏해야 2010년이다.

한옥의 특수성을 고려해 처마의 0.5미터 이격 기준을 완화해 줄 법도 하지만, 법은 예외 사항을 만들기 싫어하는 특성이 있다. 그래서 결국 민간에서 동의서를 받아내는 것으로 정리했다. 0.5미터 이격선 너머로 처마가 좀 더 나와도 된다고(물론 내 땅 경계선 안에서만 가능하다) 이웃이 동의해 주면 된다. 현실적으로 지키기 어려운 법을 만들어 놓고 이를 개인 간의 합의로 떠넘기고 있는 상황이다.

이웃의 동의를 받는 절차가 상당히 번거롭다 보니 한옥 건축 활성화를 위해 정부가 법을 개정했다. 2018년 2월부터 시행된 새 법에 따라 더 이상 이웃의 동의서를 받을 필요가 없다고 알려졌다. 처마선이 0.5미터 이격 선을 넘어가도, 내 땅 안에만 있다면 인허가를 받을 수 있다는 의미다.

이는 대단한 변화다. 한옥 건축주의 입장에서는 엄청난 수고를 덜 수 있게 되었다. 이제는 한옥을 신축할 때, 내 땅과 면한 이웃집에 일일이 찾아가 "내 집 처마가 내 땅 안에 있지만, 민법에서 규정한 0.5미터 이격 선을 넘게 되니 이를 동의해 달라"라며 사인을 받지 않아도 된다. 관공서에 제출할 문서에 사인을 해달라는 것 자체만으로도 거부감을 보이는 사람들도 있다. 그도 그럴 것이 우리는 그 동네에 살고 있지 않은, 아직은 이웃도 아닌 남이지 않은가.

2018년 5월 우리 집이 인허가를 받기 약 3개월 전에 법이 개정되었으니 얼마나 행운인가. 바뀐 법을 적용받게 되니 처마 관련 동의서는 생각하지도 않고 있었다. 그런데 이게 무슨 일인가. 종로구청은 동의서를 받지 않았다는 이유로 우리 집의 설계도면을 반려했다. 심지어 더한 요구까지 했다. "대지 경계선에서 외벽을 1미터 띄세요. 이게 싫다면 국토교통부의 유권 해석을 받아 오세요."

혹 떼러 갔다가 혹 붙인 꼴이었다. 대지 경계선에서 0.5미터 떼야 하는 민법 기준이 완화된 줄 알았다가, 되려 1미터나 떼라는 날벼락을 맞았다. 막 개정된 법이 오히려 문제였다.

한옥 건축물이 건축선 및 인접 대지 경계선으로부터 띄어야 하는 거리는 외벽선의 경우 1미터 이상으로 하며, 처마선의 경우 제한을 두지 않는다.

한옥 등 건축자산의 진흥에 관한 법률에서 새롭게 만들어진 한옥에 대한 특례 적용 기준 2호에는 위의 내용이 명시되어 있다. 즉 땅 경계선에서 외벽을 0.5미터가 아니라 1미터 이상 띄는 경우, 이웃 주민의 동의서 없이도 처마 선을 뽑을 수 있다는 이야기다. 하지만 대지 면적이 20~30평에 불과한 서촌과 북촌의 도심 한옥에서 이 기준을 적용하면 집이 사라질 지경에 처한다.

한옥 건축물의 경우 민법에 따른 경계선 부근의 건축 기준을 적용하지 않고, 제2호에 따른다.

더욱이 문제는 이 특례 기준의 마지막 6호 조항이었다. 민법의 0.5미터 이격 기준을 적용하지 않는다는 것까진 좋았는데 "제2호에 따른다"로 다시 돌려놓은 것이 문제였다. 이를 곧이곧대로 해석하면 "한옥은 민법 기준(0.5미터 이격)을 적용하지 않고 앞으로 외벽을 대지 경계선에서부터 1미터를 떼야 한다"가 된다. 즉 원래는 0.5미터였던 이격 기준이 1미터로 늘어난 것이다. 도심 한옥의 경우 기준이 완화된 것이 아니라 오히려 강화된 셈이다. 새로 지으려면 땅 경계에서 1미터씩 떼야 하는데 우리에겐 집을 짓지 말라는 소리나 다름없었다.

행운이 불운이 되는 것은 순식간이었다. 종로구청 건축과 담당 공무원은 새로 바뀐 법을 곧이곧대로 해석해, 동의서는 필요 없지만 우리 집의 벽체를 땅 경계선에서 1미터 떼라고 통보했다. 다만 담당자도 이 기준을 도심 한옥에까지 두루 적용하는 것이 아리송하다고 생각했는지 단서를 달았다. 국토교통부의 유권 해석을 받아 오면 허가를 내주겠다는 것이었다.

새로 바뀐 법을 처음 적용할 때 문제가 있다면 이를 시행하는 지자체가 해결해야 하는 게 아닐까. 하지만 종로구청은 아주 자연스럽게 이를 민원인의 몫으로 떠넘겼다.

이 불덩어리를 받아 든 건 인허가 업무를 맡고 있는 설계사무소가 아닌, 진택이었다. 설계사무소는 뒤로 물러났고, 진택의 고군분투가 시작됐다. 법이 이렇게 적용된다면 도저히 집을 신축할 수 없다. 그는 두 달 넘게 열렬히 핑퐁게임에 임했다. 별다른 소득 없이 뱅뱅 돌리던 전화에 지칠 무렵, 국토교통부의 3차 답변이 왔다.

"개정안은 모든 한옥이 아닌 은평 한옥마을과 같은 상업시설이 많이 제한되는 전용 주거지의 한옥에만 해당하는 특례기준입니다."

결국 일반 주거지에 있는 도심 한옥은 애당초 특례 적용 대상이 아닌 것으로 결론이 났다. 그러니까 도심 한옥은 원래대로 민법에 따른 0.5미터 이격 기준을 지키되, 처마가 이를 넘어갈 경우 동의서를 받아야 했다. 두 달 넘게 씨름했는데 결국 원점으로 돌아온 것이다.

하지만 이 처마 기준 완화 조치를 가장 간절히 기다렸던 곳은 도심 한옥이다. 좁은 땅에 다닥다닥 붙은 채 지어져 있는데, 양옥을 기준으로 한 건축법만 강조하는 탓에 신축은 엄두도 못 내고 낡아가는 동네 아닌가. 우리는 다시 서울시와 국토교통부에 의견을 제출했다.

"한옥 건축 활성화를 위해 처마 기준을 완화하겠다더니 이게 뭡니까?"

결국 서울시는 "개정 법률 해석의 불합리성이 있으므로 검토하겠다"라고 했고, 국토교통부는 "한옥 특례를 법제처와 다시 검토하겠다"라고 답했다. 그게 끝이었다. 결국 우리는 동의서를 받아야만 집을 지을 수 있었다. 하지만 끝날 때까지 끝난 게 아니다. 진택은 동의서를 피해 갈 수 있는 돌파구를 하나 발견했다. 이번에는 '맞벽개발'이었다.

　서울시는 2013년 한옥 밀집 지역 안에서 '맞벽개발'을 허용하는 건축 조례를 통과·시행했다. 말 그대로 옆집과 벽이 붙어 있는 집의 경우에는 신축할 때 민법의 0.5미터 이격 기준을 적용하지 않고 붙은 채로 개발할 수 있는 방식이다.

　다시 말하자면 한옥은 1962년도에 제정된 건축법 이전에 지어진 집이 많다. 서촌이나 북촌의 한옥들을 보면 다닥다닥 붙어 있다. 이를 다시 지으려고 하면 민법의 이격 기준에 따라 0.5미터 떼야 하고, 그 결과 집과 집 사이에 틈이 벌어진다. 쭉 이어지듯 들어선 한옥 동네의 경관은 사라지게 되는 데다가 집주인 입장에서도 손해가 이만저만이 아니다. 새집이 헌 집보다 확연히 작아진다. 그래서 집이 낡아도 손을 안 대고 동네는 점점 낙후된다. 이런 악순환을 서울시가 '맞벽개발' 허용을 통해 개선하겠다고 발표한 것이다. 당시 서울시는 한옥 밀집 지역의 주거재생사업이 탄력을 받게 됐다며 대대적으로 홍보했다.

　우리는 맞벽개발의 가능성을 발견하고선 '유레카!'를 외쳤다. 만약 우리가 맞벽개발을 한다면 이는 중요한 선례가 될 터였다. 진택은 또다시 맞벽개발 허가 관련 검토 요청서를 쓰기 시작했다. 그리고 종로구청에 제출했다. "우리 집이 있는 체부동은 한옥 밀집 지역이고 서울시의 방침에 따르면 한옥 밀집 지역에서는 맞벽개발이 허용되지 않나요? 그렇게 되면 0.5미터 이격 기준에 따른 처마 동의서는 필요하지 않을 것으로 판단됩니다."

하지만 이번에도 반려되었다. "한옥의 목구조는 주요 구조부가 내화 구조여야 하는 맞벽 건축 기준에 부적합하다"라는 것이 종로구청의 의견이었다. 실제 맞벽개발을 하려면 집끼리 붙여 짓되, 화재를 예방할 수 있게 주요 구조부를 내화 구조로 해야 한다는 조건을 달았다.

그런데 한옥은 나무집이다. 애당초 내화 구조가 가능할까. 알아보니 가능하기는 했다. 국토교통부 산하 연구기관인 건설기술연구원이 인증한 내화목재를 쓰면 된다. 하지만 내화목재를 생산하는 업체는 극소수였다. 인증 절차가 까다롭고, 일반 목재보다 배로 비싸니 인기가 없었다. 집의 주요 뼈대용으로 쓰는 일반 소나무 원목값이 평당 300만~400만 원이라면 이 나무를 얇게 켜서 원목 두께만큼 겹쳐 만든 내화목재는 600만~800만 원에 달했다. 20평 한옥을 짓는 데 나뭇값만 억대가 든다는 결론이다.

더 큰 문제는 한옥의 구조였다. 맞벽개발을 해보려고 뛰어드니, 현실에서는 한옥의 주요 구조부가 어디까지인지 아무도 정의하지 못했다. 한옥은 나무가 겹치고 쌓여 하나의 집을 이룬다. 주요 구조부가 기둥만이라고 한다면 기둥만 내화목재를 쓰면 된다. 하지만 들보와 서까래도 주요 구조부라고 보면 건축 비용을 감당하기 힘들다. 한옥은 가뜩이나 건축비가 비싼데 내화목재까지 쓰면 가격이 상상을 초월하게 된다.

한옥 정책을 총괄하는 국토교통부에 재차 질의했다. 한옥의 주요 구조부는 어디까지인지 정의해 달라고 요청했더니 두루뭉술한 답변이 왔고, 우리는 다시 물었다. 이쯤 되니 언제나 설명하는 쪽은 우리였다. 공무원은 순환근무제로 보직이 계속 바뀐다. 제도 자체를 잘 모르는 경우가 많다. 행정기관이 만든 제도를 민원인이 열심히 공부해서, 담당 공무원에게 설명하는 촌극이 벌어졌다. 수차례 민원을 접수한 결과, 결론은 이랬다.

"한옥의 도리, 추녀, 사잇기둥, 보 등의 부재가 주요 구조부인지 여부는 개별적인 사실 판단을 통해 검토돼야 한다. 이는 국토교통부가 아닌 지자체가 검토해야 하는 것으로 관련 설계도서를 통해 허가권자가 검토해야 한다."

결국 지자체가 판단하라는 거였다. 다시 핑퐁게임이 시작됐다. 한옥 밀집 지역에서 맞벽개발이 가능하다는 서울시의 발표는 거짓이었다. 누군가의 치적으로만 한 줄 적혔을 맞벽개발은 한옥 밀집 지역에서 실제로 적용된 사례가 없다. 우리는 또 한 달을 이렇게 허비했다. 결국 동의서를 받아 처리하는 길밖에 없었다.

2018년 여름은 섭씨 40도에 육박하는 정말 무더운 날씨였다. 최강 폭염이 한반도를 강타했다는 뉴스가 연일 보도됐다. 펄펄 끓는 가마솥더위 속에서 우리는 주말마다 이웃집의 대문을 두드렸다. 빵집에서 산 녹차 카스테라와 사인할 동의서 그리고 신축이 드문 이 동네에 처마 동의서가 무엇인지 그림까지 그린 설명서를 곁들였다. 사람이 없는 경우 이웃집 대문 앞에 쪽지를 남기고 하염없이 기다렸다.

어떤 이웃은 젊은 사람들이 한옥에 살겠다는 게 기특하다며 흔쾌히 사인을 해주었고, 어떤 이웃은 문전박대를 했다. "규정을 어기니까 동의서가 필요한 것 아니냐. 법대로 하라"라며 쫓아내는 이도 있었다. 법이 한옥의 현실과 맞지 않아서 그런 거고, 우리 집 처마는 우리 땅 안에 있을 뿐 남의 땅을 침범하는 게 아니라고 아무리 설명해도 듣지 않았다. 이웃의 정의에 따라 우리는 '위법자'이자 '한옥 짓는 죄인'이 됐다. 그 이웃은 공공기관에 근무하는 지인의 이름을 대며 절대 사인 같은 거 해주지 말라고 했다며 우리를 쫓아냈다. 그중에는 청와대에서 근무한다는 비서관 친구도 있었다. 그분은 도대체 왜 반대를…? 여하튼 오래된 동네에서 한옥을 신축한다는 것은 산 넘어 산이었다. 땀을 뻘뻘 흘리며 허탕치고 집으로 돌아올 때면 눈물이 주르륵 흘렀다. 대제 우리는 왜 한옥을 짓겠다고 나선 걸까.

지척에서 한옥을 신축하고 있던 한 지인도 동의서 문제로 고생했다고 했다. 우리보다 앞서 동의서를 받는 절차를 거친 그가 말했다. "옛날 동네에 이웃사촌이 존재한다는 것은 다 개소리예요."

어쩌면 사이좋은 이웃사촌은 현실 세계에서는 더는 존재하지 않는지도 모른다. 아파트가 폐쇄적인 공간이어서, 지하 주차장에 차를 대놓고 엘리베이터로 집까지 가는 동안 이웃을 만날 틈이 없어서 이웃사촌을 만들지 못한 것은 아닌 것 같다. 오래된 동네에도 이웃사촌은 없다. 이는 공간의 문제보다 신뢰의 문제일 것이다. 신뢰는 오래 알고 지내야 생긴다. 한 사람을 알고 믿기까지 오랜 시간이 걸릴 수밖에 없는데, 오늘날 우리는 뜨내기로 살아간다. 전세 만기로, 아이들 교육 때문에, 아파트값이 오르기를 기대하며 옮기고 또 옮겨 간다.

국토부의 2020년도 주거 실태 조사에 따르면 현재 살고 있는 집에서 거주 기간이 2년 미만인 가구 비율이 약 40퍼센트에 달했다. 이 중 절반가량이 시설이나 설비가 더 좋은 집으로 가기 위해 이사했다고 답했다. 어디에 사는지가 어떤 사람인지 보여주는 시대이니 사람들은 더 나은 집을 찾아 끊임없이 움직인다. 이러한 풍토 속에서 이웃은 계속 낯선 존재일 수밖에 없다. 아파트에 사는 사람들은 어릴 적 살았던 동네의 이웃사촌을 추억한다. 하지만 옛 동네에도 그런 이웃사촌은 없다. 뿌리내리고 사는 문화는 없어졌다.

이웃의 극한 불신에 우리는 집 짓기가 아니라 다시 마음 짓기에 돌입했다. '우리가 이방인이어서 그런 것일 뿐, 당신에게 악의가 있는 것은 아니겠지요….'

숱한 우여곡절 끝에 동의서를 내고 구청의 인허가를 받았지만, 그해 여름은 우리의 인생에서 가장 무더웠던 계절로 기억된다.

5장
드디어
짓다

끝날 때까지 끝나지 않은,
파란만장 좌충우돌
집 짓기 여정

할 수 있는 것과
할 수 없는 것

나의 엄마 원효숙 여사는 일평생을 가정주부로 살았다. 드센 남편과 그 못지않게 드센 아이 셋을 받치며 살고 나니 엄마는 어느덧 고희를 바라보는 나이가 됐다. "집에만 있는 엄마가 뭘 알아?"라며 셋 중 둘째인 나는 엄마를 종종 무시하곤 했지만, 사실 엄마의 말에서 끝 모를 깊이를 느끼고 고개 숙일 때도 많다.

나는 서른 살에 부모님과 물리적으로 독립했다. 따로 나가 살겠다고 하면 반대가 심할 것이 뻔했기에, 집을 구해놓고 이사 가기 전날 저녁에야 부모님에게 말씀드렸다. 저 내일 집 나가요. 오늘이 저 방에서의 마지막 밤이랍니다.

아빠는 정말 불같이 화를 냈다. 학창 시절 친구 집에서 자고 오는 걸 단 한 번도 허락하지 않았던 아빠였다. 결혼해서 독립하면 될 것이지 여자가 무슨 독립이냐는 호통에 나는 결혼은 진짜 독립이 아니고, 누군가와 공동생활을 하는 거라고 항변했다. 오롯이 혼자 살고 싶다고 바득바득 우겼다. 나는 진심으로 혼자 살고 싶었다. 이제 다 컸는데, 부모님의 둥지 안에 있기엔 너무나 갑갑했다.

아빠는 이미 집까지 구해놨다는 행동파 둘째 딸에 기막혀하며 안방으로 들어가 부서질 듯 방문을 닫았다. 이후 수개월 동안 자신의 통제권을 벗어나 버린 딸과 말 한마디 나누지 않았다. 하지만 엄마는 달랐다. 그 난리 통에서 엄마는 의외로 차분했다. 엄마는 내게 말했다. "이제 내가 너에게 해줄 수 있는 건 기도밖에 없다." 그러니까 독립하겠다는, 고집불통 서른 살 딸을 다루는 엄마의 능력은 정말 뛰어났다.

나이가 들어도 변하지 않는 아빠의 자기중심적 사고에 갈수록 짜증이 난 내가 아빠와 다투고 집을 나선 어느 날에 엄마에게서 이런 문자가 왔다. "은화야, 늙는다는 건 서러운 일이란다." 엄마가 아빠 편을 들었거나, 내 편이 되어 같이 아빠 욕을 했더라도 가라앉히기 힘들었을 성난 마음이 이 한 줄로 정리되어 버렸다.

집을 짓는 동안에도 그랬다. 누가 등을 떠민 것도 아니고 우리가 선택한 일이었기에 구구절절 힘든 이야기를 다 꺼낼 수 없었다. 하지만 가끔 본가에 들를 때마다 점점 야위어 가는 나와 그를 보며 엄마는 늘 담박하게 말했다. "인생에는 오르막도 있고 내리막도 있고, 늘 순탄치 않아. 그러니 고달픈 거야." 그래, 엄마 말대로 우리만의 어려움은 아닐 테고 이 고달픔이 영원하지도 않을 거야. 엄마는 응원의 말도 건넸다. "보통 사람이라면 벌써 나자빠졌을 거야. 중도 포기했겠지. 너희니까 이만큼 온 거다."

하지만 엄마의 응원에도 우리는 여전히 미로를 헤매는 기분이었다. 우리는 지금 할 수 있는 일을 하고 있는 걸까, 할 수 없는 일을 하고 있는 걸까. 포기하지만 않으면 안 되는 일도 되는 걸까. 안 되는 일을 우리가 우격다짐으로 끌고 온 건 아닐까. 이건 애당초 안 되는 일인데, 우리가 계속 에너지를 쏟아붓고 있는 건 아닐까.

끝을 몰라 무서웠다. 언제, 어떻게 끝나는 걸까. 두려워하는 내게 진택은 러시아 여행을 갔을 때 본 건널목 신호등 이야기를 해주었다. 파란불에만 남은 시간을 알려주는 한국과 달리, 러시아에서는 빨간불에도 숫자가 뜬다고 했다. 빨간불이 끝나기까지 남은 시간을 알려주는 거다. 몇 초 후 파란불이 켜지니 조금만 더 기다리시라. 사람들은 남은 시간을 보며, 무리하게 길을 건너지 않고 기다린다. 끝을 안다는 것은 안도감을 준다.

하지만 우리 앞에도 파란불이 켜질까. 집 짓기에 돌입한 지 1년째인 2018년 가을, 결코 꺼지지 않는 빨간불이 우리 집 프로젝트의 사방에 켜진 것만 같았다. 이럴 때는 포기가 정답일 때도 있다. 멈추는 것이 사는 방법일 수 있다. 가지 말자. 맨땅에 헤딩하다 결국 머리가 깨진다. 골목길 문제도, 땅 문제도, 한옥 설계와 인허가 문제도 다 넘긴 그때, 드디어 집을 지어야 하는 순간에 우리는 가장 크게 휘청거렸다.

생각지 못한 문제가 우리 앞에 딱 나타났다. 우리 집을 짓겠다는 시공사를 찾기 힘들었다. 실컷 고생해서 집을 그려놨는데 공사가 어렵다고 했다. 추석을 앞두고 시공사 구하기에 나섰을 때, 언제나 우리 집 프로젝트를 응원해 주시던 한옥문화원 장명희 원장님을 통해 한옥 대목수 한 분을 소개받았다. 장 원장님은 "내가 앞으로 한옥을 짓는다면 이분께 지어달라고 할 거야"라며 추천해 주셨다. 이름만 대면 알 만한 한옥들을 지어온 연륜 있는 장인이었다. 그런 분에게 규모 있는 한옥도 아닌 이렇게 작은 집을 지어달라고 부탁해도 될지 망설였다. 다행히 그분은 일하는 사람이 큰일 작은 일 따지겠느냐며 선뜻 살펴보겠다고 했다. 그리고 얼마 지나지 않아 연락이 왔다.

"공사를 할 수 없는 집입니다."

수화기 너머로 전해지는 대목수의 말이 벼락 치듯 내 귓속을 때렸다. 대충 보고 하는 말이 아니었다. 그분은 하루 날을 잡고 온종일 골목길에 서서 우리 집의 이모저모를 뜯어봤다고 했다. 심지어 동네 분을 붙잡고 인터뷰도 했다. 그렇게 신중하게 살펴보고 내린 결론이 '공사 불가'였다. 우리 집은 차가 들어갈 수 없는 골목길에 있는 데다, 주변에 오래된 집들이 붙어 있다. 새로 짓는 데다가 지하까지 파겠다고 그려놓은 도면이 이 환경에서는 도저히 실현할 수 없는 그림이라는 것이다. 지하를 파다가 옆집에 문제라도 생기는 날에는 그야말로 감당하기 어려울 수 있다고 했다.

"지하까지 파서 새로 짓는 건 절대 못 하고 고쳐서 살아야 할 집이에요. 어쩌려고 이런 계획을 세웠어요? 내가 그때 있었더라면 말렸을 텐데…."

1년 동안 나와 진택은 정말 열심히 뛰었다. 하지만 놀랍게도 우리는 다시 원점에 서 있었다. 그동안 우리는 무엇을 한 걸까. 하얀 도화지에 하얀색 크레파스로 우리끼리 열심히 아무것도 아닌 그림을 그려온 걸까. 이 실현될 수 없는 그림을 위해 그렇게 눈물 콧물 다 흘렸던 걸까. 지하를 파자고 강력히 주장한 건축가가 원망스러웠다. 거봐, 신축이 아니라 대수선을 해야 했어. 무리였어, 헛된 희망이었어. 고장 난 신호등 앞에서 길 건너의 삶을 1년째 계획만 하고 있었지 뭐야. 잘못된 선택지를 들고 1년간 냅다 뛴 우리도 한심했다.

설계사무소에서는 한옥만 짓는 대목수에게는 지하 공사가 생소해서 그런 거라며 지하는 양옥을 주로 짓는 시공사에, 한옥은 대목수에게 따로 공사를 맡겨보겠다고 했다. 하지만 역시나, 모두 거절당했다. 모두 할 수 없다고 했다. 시공사 입장에서는 난도 높은 지하만 떼서 공사를 맡는 것이 수지타산에 맞지 않았을 것이다.

　그간 건축 관련 취재를 하면서 여러 사례를 접할 수 있었다. 공사를 하다가 중도에 포기하고 잠적해 버리는 시공사도 많았다. 특히 우리 집처럼 작은 집인 경우 공사를 하기가 더 어렵다. 협소주택을 지을 때 시공사의 중도 포기는 더 빈번했다. 집이 작으니 견적을 대충 냈다가 낭패를 보는 경우다. 집이 작아서 반나절 만에 전기 공사를 마쳤어도 하루치 일당을 줘야 하고, 많은 인력을 동시에 투입할 수 없으니 공사 기간이 길어져서 생각보다 비용이 많이 든다 싶어 포기하기도 했다. 이렇게 되면 이래저래 돈이 많이 드는 후반 마무리 작업에서 건축주의 돈이 추가로 들어가는 불상사가 생기기도 한다.

　물론 시공사의 재정과 신용 상태도 잘 살펴야 한다. 시공사의 재정 상태가 좋지 못해 우리 집 공사비로 받은 돈을 먼젓번 공사 대금에 쓰는 경우도 있다. 어느 한옥 공사 현장에서 기단석으로 쓸 돌 값을 지급했는데 그 돈이 온데간데없이 사라졌다는 하소연도 들었다. 자금에 쪼들리던 시공사가 앞선 공사에서 쓴 자잿값을 자재업체에 지불하지 않고 있다가, 공사비가 들어오자 이를 이전 집의 공사비로 처리한 탓이다. 이런 일이 반복되자 자재업체는 신용을 잃은 시공사에게 비용을 제때 처리하지 않으면 자재를 공급할 수 없다고 선언했고, 결국 건축주에게 불똥이 튀었다. 집을 짓다가 멈출 수 없으니 건축주는 울며 겨자 먹기로 돈을 추가로 낼 수밖에 없다. 최악은 부실 공사다. 집을 다 지었는데 하자가 많으면 여기저기 땜질하다 새집이 헌 집 되기 일쑤다.

그렇기에 시공사를 선정할 때 여러 군데에 경쟁 입찰을 붙여서 임시 견적을 받아본 뒤, 공사비와 여러 제반 여건을 고려해 시공사를 선택한다. 하지만 우리에게는 그런 선택지조차 주어지지 않았다. 지독히 더운 여름을 우여곡절 끝에 지났는데, 가을은 우리의 가슴을 바짝 말려버렸다. 이 프로젝트의 끝은 대체 어디일까. 그리고 어떻게 마무리될까. 끙끙 앓고 있을 무렵 설계사무소 팀장이 이런 꿈을 꿨다며 전해줬다.

"건축주께서 엄청 밝은 목소리로 전화해서 '팀장님! 우리 집 문제 다 해결됐어요'라고 말씀하셔서 제가 집으로 달려가 봤더니 주변의 집들이 전부 새로 짓겠다며 철거를 해서 허허벌판이 되어 있더라고요. '와 정말 잘됐다, 이제 문제없겠다' 하다가 꿈에서 깼어요."

꿈은 현실이 될까 아니면 반대일까. 허허벌판에 집을 짓는 것처럼 아무 문제 없이 집을 지을 수 있을까. 가도 될까, 가지 말아야 할까? 도무지 내다볼 수 없고 쉽사리 결정할 수 없는 시간이 흘러가고 있었다.

우리 집은 초울트라
럭셔리 하우스

은평뉴타운 인근에 있는 한옥마을에는 우리의 집 짓기 멘토가 산다. 한옥 목경헌의 주인 배윤목 씨다. 그는 은평 한옥마을에 1호 살림집을 지었다. 2022년 2월 현재 마을 초입에 있는 레스토랑 '일인일상'과 카페 '일인일잔'을 운영하고 있다.

배윤목 대표는 인더뷰로 연을 맺었다가 나의 멘토가 됐다. 2017년 초, 그의 집을 취재하러 가서 인터뷰를 할 때만 해도 그해 말에 내가 거의 폐가가 된 한옥을 사게 될 줄 몰랐다.

그는 심미주의자였다. 광고업계에서 수십 년 동안 일했고 히트작도 여럿이다. 그의 스트레스 해소법은 쇼핑이다. 예쁜 것을 사러 간다고 했다. 주로 들르는 곳은 신사동 가로수길의 수공예품 편집숍이다. 지금껏 만나본 중년 남성의 기호와 사뭇 달랐다. 인터뷰 당시 그에게 한옥이 뭐가 좋으냐고 물었더니 칼같이 대답했다.

"예쁘잖아요. 매일 미인이랑 사는 기분이에요."

한옥이 건강에 좋다느니 하는 말을 했다면 심드렁했을 것이다. 그의 답은 너무나 명쾌했다. 한옥의 아름다움을 극찬하던 그가 내게 한옥 바이러스를 감염시킨 것이 분명하다! 그러지 않고서야 난데없이 한옥을 짓고 있을 리가 있나. 책임을 지시오. 그는 그렇게 우리의 집 짓기 멘토가 됐다.

인생의 끝을 알 수 없기에, 멘토의 존재는 축복이다. 더군다나 내가 지금 가고 있는 길을 앞서 걸어간 멘토라면 더할 나위 없다. 우리는 집 짓는 동안 힘이 들 때면 은평으로 가서 멘토를 만났다. 그가 실전에 임하고 있는 우리에게 수차례 강조한 말이 있다.

"집 짓기를 할 때 각자의 역할이 있어요. 시공자는 연장을, 설계자는 도면을, 건축주는 계산기를 꺼내는 거예요. 일단 (계산기를) 두드리세요. 그게 모두를 위한 일입니다. 공사가 중단되는 상황을 맞고 싶지 않다면 건축주는 열심히 두드려야 합니다. 건축비는 예산의 85~90퍼센트가 적당해요. 나머지는 예비비로 갖고 있어야 해요. 짓다 보면 늘 공사비를 초과하거든요."

집 짓기는 낭만만으로는 할 수 없는 일이다. 계산기를 잘 두드려야 한다. 하지만 우리 집의 경우 계산기를 꺼내 들 수도 없는 상황이었다. 시공사를 구하지 못하고 있으니까. 인허가로 타는 여름과 시공사를 구하느라 말라버린 가을을 지나, 2018년 겨울이 왔다. 어렵사리 가견적을 의뢰할 시공사 세 곳을 구했다. 이제부터라도 일이 일사천리로 진행되면 좋았으련만. 이번에는 견적이 문제였다.

셋 중 두 곳에서 공사비가 5억이 넘게 든다는 견적서를 보내왔다. 나머지 한 곳의 견적서에도 5억 원에 육박하는 4억 원대 후반의 금액이 적혀 있었다. 우리 집의 면적은 지하와 지상을 탈탈 털어봤자 25평이다. 총 공사비가 5억 원이라고 한다면, 평당 공사비는 2,000만 원이다. 국토교통부가 매년 두 차례 발표하는 공동주택 기본형 건축비가 2018년 9월 기준으로 1평(3.3제곱미터)당 630만 3,000원인 것을 고려하면 집의 공사비가 아파트 공사비의 세 배가량 되는 셈이다. 땅값과 공사비를 포함한 전국의 민간 아파트 평당 분양가가 전용면적 84제곱미터 기준으로 당시 약 1,100만 원이었다.

소위 집징수가 짓는 다가구주택의 공사비가 평당 500만 원이다. 건축가가 설계해서 짓는 집의 경우 평당 700만~800만 원 정도다. 판교 등에 있는 단독주택 지구에서 더 좋은 자재를 쓰면 평당 1,000만 원이 넘어간다. 코로나 팬데믹 이후 자잿값이 대폭 올랐다지만 그래봤자 우리 집보다 싸게 짓는 거다.

건축면적 25평 규모의 양옥을 짓는다면, 공사비가 아무리 많이 들어도 2억 원대면 충분할 것이다. 그런데 우리 집의 공사비가 5억 원대라고? 배가 넘는 공사비를 들여 이 작은 집을, 한옥을 지을 가치가 있을까. 평당 공사비로 보면 재벌가에서나 지을 법한 초호화 주택이었다. 돈도 없으면서 대리석을 사방에 바르는 수준의 집을 짓겠다고 나선 꼴이었다. 1년 동안우주 최강 바보 대행진을 했구나.

한옥 공사비는 원래 비싸다. 평당 1,000만 원을 훌쩍 넘는다. 집마다 차이가 있겠지만 서울에서 한옥을 신축할 경우 평당 1,500만 원은 넘게 든다. 팬데믹 이후에는 인건비와 자잿값이 올라 더 비싸졌다. 하지만 지상은 그렇다 치더라도 지하공사비까지 평당 2,000만 원이 나오다니. 어려운 공사 현장의대가는 엄청난 공사비였다. 차가 들어가지 못하는 골목길에있는 데다 주변에 집이 다닥다닥 붙어 있는 현장에서 지하를파겠다고 했으니, 눈물 나게 비싼 영수증이 청구됐다.

멘토의 말대로 전체 공사비의 15퍼센트를 예비비로 남겨두기는커녕 집 지을 돈 자체가 턱없이 모자랐다. 우리가 애초에 생각했던 공사비는 평당 1,200만 원이었다. 1년 전 설계계약을 할 무렵 건축가는 "평당 1,200만 원에 지을 수 있다"라고 누차 말했다. 경험 많은 건축가의 이야기를 믿고 택한 길이었다. 이를 토대로 우리가 허리띠를 졸라매고 준비한 공사비는 서울시의 한옥 지원금과 융자금 1억여 원을 포함한 3억 원이었다.

공사비는 프로젝트를 시작하기 전에 건축가가 호언장담할 수 없는 영역이다. 건축가가 제시한 건축비를 기준으로 삼지 말았어야 했다. 물론 공사비는 건축가가 예측하고 관리해야 하는 영역이긴 하다. 집 짓기를 시작할 때 건축주가 예산을 밝히면 건축가는 그 예산에 맞춰 집 짓기 전반을 진행하는 감독의 역할을 한다. 특히나 우리 집과 같은 소규모 주택 프로젝트에서 건축가의 역할은 중요하다. 대형 건물을 짓는 경우에는 시공사가 낸 견적이 맞는지 따져보는, 이른바 '적산'만 전문으로 하는 업체에 견적을 따로 맡긴다. 큰돈이 오가는 만큼 견적을 더 객관적으로 따져보기 위해서다.

하지만 소규모 주택 프로젝트에서 이런 부분까지 외주를 주다가는 배보다 배꼽이 더 커진다. 적산을 따로 맡기기엔 비용 부담도 있고, 규모도 작기 때문이다. 그래서 통상 건축가가 공사 전반을 살핀다. 공사가 설계대로 되고 있는지 감독하는 감리 역할도 건축가가 맡는다(큰 공사는 감리를 따로 둔다). 그래서 건축가 입장에서는 소규모 주택 프로젝트가 오히려 챙겨야 할 일이 많다. 큰 공사에 비해 설계비가 적고 일은 더 많지만, 경력을 쌓고자 하는 젊은 건축가들은 뛰어들어 진행한다. 중견 건축가도 주택 설계에 매력을 느껴 1년에 한두 개씩 하는 경우도 있다.

견적을 받고 넋이 나간 우리에게 건축가는 "그사이 인건비가 많이 올랐다"라고 말했다. 인건비가 아무리 올라도 3억 원이던 공사비가 5억 원을 훌쩍 넘길 수가 있나. 경제성이 없었다. 이건 마치 페라리를 살 돈으로 잔뜩 튜닝한 경차를 사는 꼴이었다.

은평으로 멘토를 만나러 가야 할 때다. 우리는 견적서를 들고 멘토와 함께 우리 집 견적을 낸 시공사 중 한 곳인 고진티앤시(이하 고진) 강석목 대표를 만났다.

고진은 멘토의 집을 지은 시공사다. 시공사를 경험한 멘토가 "믿을 수 있는 곳"이라고 강력 추천했다. 고진은 나도 익히 알고 있던 회사였다. 은평 한옥마을에 고진이 지은 다른 한옥을 취재한 적이 있었다. 고진은 목경헌을 비롯해 한옥 수십 채를 지었다. 게다가 강석목 대표는 은평 한옥마을에서 자신이 직접 지은 한옥에 산다.

대단한 일이다. 한옥에 살아서가 아니라, 본인이 지은 한옥이 수두룩한 한옥마을에서 살고 있다는 것이. 매일 일어나 대문 밖을 나서면 수십 명의 건축주, 즉 민원인을 만나야 하는 삶이다. 집을 짓고 나서 건축주와 시공사 사이가 틀어지는 일도 많다. 그런데 한 동네에서 살아간다고? 수십 명이나 되는 건축주와 함께? 건축주는 늘 불만이 많지만, 한옥 건축주는 특히나 불만이 많은 민원인에 속한다. 살아 숨 쉬는 집은 변화무쌍하고 그만큼 하자가 잘 생긴다. 여름에는 나무가 팽창했다 겨울에 수축하면서 틈이 생기고, 비 오면 나무 창틀 사이로 비가 샐 수도 있다.

강석목 대표는 이름대로 돌처럼 굳건히, 나무처럼 단단히 뿌리내리고 살고 있었다. 갖은 민원들도 그렇게 대응하고 있었다. 하자에 잘 대응하는 시공사는 장담컨대 믿을 만한 곳이다. 처음부터 고진이 우리 집을 지었으면, 하고 바랐다. 하지만 견적을 낸 시공사 중에서 고진의 견적이 제일 비쌌다.

우리 집 견적서를 받아 든 멘토 역시 놀랐다. 이미 집을 지어본 멘토도 경험하지 못한 액수였다. 조그만 한옥을 짓는 데 지하를 포함해 평당 2,000만 원이 든다니.

"대체 이렇게 되면 이건 누구 책임이 되는 겁니까. 건축주에게 이런 일이 생기면 누가 책임을 져야 하는 거냐고요."

멘토는 이 말만 계속 반복했다. 그 역시도 쉽사리 조언할 수 없는 일이었다. 평당 1,200만 원이면 지을 줄 알았던 집이 평당 2,000만 원이 됐을 때, 1,200만 원인 줄 알고 지금껏 계산기를 두드린 건축주가 잘못한 것일까, 아니면 1,200만 원이라고 말하고 2,000만 원짜리 도면을 그린 건축가가 잘못한 걸까? 그도 아니면 평당 2,000만 원짜리 견적서를 쓴 시공사가 잘못한 걸까?

가장 비싼 견적서를 적어낸 강석목 대표에게 우리 모두의 시선이 쏠렸다. 강 대표는 천천히, 그렇지만 단호히 말했다.

"그냥 집을 다시 파세요. 아니면 조금만 고쳐서 살다가 팔고 나오세요."

지난가을 한옥 짓는 장인이 "공사를 못할 집입니다"라고

진단했을 때 우리는 날벼락을 맞은 기분이 들었지만, 발걸음을 멈추지 않았다. 그런 우리에게 "집을 팔아버려라"라는 호령이 떨어졌다. 집 짓기라는 놈은 우리를 샌드백으로 아는 것이 분명했다. 우리는 맷집이 커지다 못해 인간 샌드백이 됐다.

일방적으로 맞는 듯했지만, 늘 선택의 순간은 왔다. 계속 맞을래, 그만 맞을래? 공사를 진행할 것인가, 멈출 것인가. 몇 날 며칠 꼬박 고민한 결과 우리는 멈출 수 없다는 결론을 내렸다. 이 길은 나와 진택이 처음 합심해 밟은 길이었다. 우리가 함께 살 첫 보금자리를 만드는 일이기도 했다. 여기서 멈춘다면 함께한 처음을 망치는 것만 같았다. 그 절대적인 '처음'을 지키기 위해 우리는 전진할 수밖에 없었다.

우당탕탕, 여러 일들이 지나갔다. 우여곡절 끝에 우리는 강석목 대표와 논의해 '공사비 다이어트'를 하기로 했다. 현재의 도면대로 진행하면 공사비가 너무 올라가니 시공사의 노하우를 반영해 필요 없는 공정은 줄이고, 단가가 지나치게 높은 자재를 합리적인 가격의 자재로 바꾸기로 했다. 그렇게 몇 차례 조율한 결과 건축가가 말한 3억 원의 예산에서 1억 원가량 초과되는 공사비가 책정됐다. 서울시의 한옥 지원금을 더하고, 허리띠를 더 바짝 졸라맨다면 도전해 볼 만한 비용이었다. 그래두 '초울트라 럭셔리 하우스'였다. 어쩌다 한옥을 짓게 됐듯, 우리는 또 어쩌다 초울트라 럭셔리 하우스를 짓는 길로 접어들고야 말았다.

그 집을 짓기 위해서, 나와 진택은 공사비를 충당하기 위해 정말 숨만 쉬며 사는 1여 년을 보내야 했다. 구멍 난 팬티를 버리지 않고 입다가 결국 팬티가 너덜너덜 찢어져 버린 시간이기도 했다. 찢어진 팬티가 증표라는 게 웃기긴 하지만, 당시 우리는 진지하고 절실했다.

땅 밑
아무개 씨 이야기

2019년 봄, 드디어 공사가 시작되었다. 그때부터 우리는 동네의 '미어캣'이 됐다. 동네를 산책할 때마다 건물이 철거되어 땅이 보이기 시작한 곳이 있으면 그곳으로 달려가 미어캣처럼 목을 쭉 빼고선 뱅뱅 돌며 관찰했다. 헌 건물을 철거한 뒤 꽤 오랫동안 공사가 시작되지 않은 땅일수록 미어캣의 관심을 듬뿍 받았다. 산책 시 필수 방문 코스였다. 그런 땅에는 백발백중, 그분이 계셨다. 땅 밑 아무개 씨…!?

아무개 씨가 나오면 땅 둘레에 경계가 쳐지고, 곧 플래카드가 걸린다. '문화재 발굴 조사 중입니다.' 아무개 씨가 누구인지, 어떤 삶을 살았는지 흔적을 발굴하는 과정이다. 서울 사대문 안 땅에는 그런 아무개 씨, 즉 선조들의 과거가 새겨져 있다. 파면 문화재가 나오니, '보물창고'라 할 수 있겠다.

아무개 씨가 기어이 나오고야 만 땅을 보면 이름도 얼굴도 모르는 건축주에게 연민을 보냈다. "아이고…, 참 속상하시겠다. 이를 어째…." 보물이 나왔는데, 왜 그러느냐고? 우리 집에서 보물이 나왔다고 자랑할 법도 하지만, 건축주에게만큼은 보물이 될 수 없는 게 문화재다. 솔직히 말해 골칫덩어리다.

서울 사대문 안에서 지하가 있는 건물을 지으려면 문화재 발굴 조사를 받아야 한다. 관련 비용은 건축주가 대야 한다. 유물이 나오면 모두 국가로 귀속된다. 단계별로 살펴보면, 땅 면적의 2퍼센트만 파보는 표본 조사나 10퍼센트만 파보는 시굴 조사를 거쳐 문화재라는 단서가 나오면 본격적인 정밀 발굴 조사가 진행된다. 정밀 발굴 조사부터는 대지 면적 792제곱미터 이하 주택의 경우 국비 지원을 받을 수 있다. 하지만 공사 지연으로 인한 손실은 클 수밖에 없다.

어느 땅에 문화재가 나왔다는 이야기는 사대문 안 건축주들 사이에서 괴담으로 회자된다. 악! 어디 공사하다가 문화재가 나왔대! 아무개 씨의 사연이 깊고 대단할수록 건축주에게는 청천벽력이다. 공사계획이 다 어그러진다. 일단 아무개 씨의 삶을 조사하는 데 시간이 꽤 걸린다. 결론도 중요하다. '아무개 씨의 삶을 보존하시오'라는 결론이 나오면 지하를 못 판다. 지하를 파려면 유물이나 유적을 보관하는 전시장을 따로 마련해야 한다.

　우리 집 역시 문화재 시굴 조사 대상지였다. 서촌 일대는 서울시의 '사대문 안 문화유적 보존 방안'에 따라 매장 문화재를 시굴 조사해야 하는 지역이다. 문화재청의 허가를 받아 조사가 이뤄지는데, 우선 땅 면적의 10퍼센트가량을 파본다. 마치 묏자리 파듯 1~2미터 깊이의 네모난 구덩이를 파서 유구遺構가 있는지 확인한다. 여기서 별다른 게 발견되지 않으면 지하를 팔 수 있다.

　하지만 아무개 씨의 삶의 흔적이 보인다 싶으면, 다음 단계로 넘어간다. 정밀 발굴 조사다. 이게 참 무섭다. 공사 기간이 무한정 늘어진다. 사대문 안 어느 터에서 공사를 시작했는데, 땅을 깨작깨작 파놓고 기약 없이 공사가 진행되지 않고 있다면 발굴 단계로 넘어갔다고 보면 된다. 발굴 터가 크면 천막까지 설치된다. 문화재 발굴 현장을 TV에서 한 번쯤은 봤을 것이다. 붓 같은 도구로 흙을 살살 쓸어가며 조사를 하니 몹시 오래 걸린다. 그렇게 한참 조사한 후에는 다시 흙으로 덮는다. 그게 뭔가 싶지만, 그것이 보존이다. 지하를 건드리지 않는 것. 건물은 지하 없이 지상만 올려야 한다.

　그렇다면 사대문 안 대형 건물은 어떻게 지하를 팠을까? 고층 건물에는 지하가 필수다. 주차장 때문이다. 문화재가 나와서 지하를 못 판다면, 지상의 임대 공간에 주차장을 둬야 하니 수지타산이 맞지 않다. 그런데 조선시대의 유적은 도심 지하 1.5~6미터 정도에 분포되어 있다. 2021년 5월 광화문 광장 조성 공사 중 땅을 30센티미터가량 팠을 때부터 문화재가 나오기도 했다.

불과 20년 전만 해도 건물 짓다 유적이 나와도 개발을 강행했다. 도심 금싸라기 땅을 소유하고 있는 사람의 재산권을 보호하는 게 더 우선이었고, 문화재 조사는 흐지부지 넘어갔다.

서울 도심 재개발이 본격화되면서, 2000년대 초반 문화재 보존 이슈가 터졌다. 종로 피맛골을 재개발할 때였다. '말을 피하는 길'이라는 뜻의 순우리말인 피맛골은 이른바 조선시대의 뒷골목이다. '높은 벼슬의 관리가 종로의 큰길을 오갈 때, 평민이나 하급 관리들이 이들과 마주치지 않으려고 다니던 뒷골목'이었다. 큰길로 다니다 벼슬아치를 만나면 엎드려 절을 해야 하니, 평민들 입장에서는 다니기가 영 불편했을 것이다. 그래서 뒷길이 만들어졌다. 사람 둘이 지나치면 어깨가 부딪힐 정도로 좁은 길이지만 마음은 더없이 편했을 것이다. 조선시대 시전이 발달했던 종로1가부터 6가까지, 이런 피맛골이 쭉 생겼다. 지금은 종로1가에서부터 3가까지만 남아 있다.

현재 종로구 청진동에 있는 르메이에르 빌딩은 피맛골을 재개발해 처음 들어선 건물이다. 빌딩 공사가 한창이던 2004년, 황평우 한국문화유산정책연구소 소장이 경비가 허술한 틈을 타 공사 현장에 들어갔다가 뒹굴고 있던 장대석(건물의 기초석)을 발견했다. 황 소장은 장대석 사진을 찍어 문화재청에 신고했고, 이를 계기로 도심 재개발을 할 때 '보물창고'의 보존 문제가 이슈로 떠올랐다. 피맛골이 사라지는 것에 대한 반대 여론이 거셌는데, 지하 문화재 보존 문제까지 나오니 여파가 컸다. 결국 문화재 보존 원칙이 세워졌다. 지자체마다 편차는 있지만, 매장 문화재 보호 및 조사에 관한 법률에 따라 '표본 조사 또는 시굴-발굴-보존'의 절차를 거치게 됐다.

문화재 원형 보존의 원칙에 따라 문화재가 나오면 지하를 팔 수 없다. 다만 지하 주차장이 반드시 필요한 대형 건물의 경우, 공사 중에 문화재가 나오면 유물이나 유적을 대중에게 공개하는 전시관을 따로 만들고서라도 지하를 판다. 소규모 건물의 건축주라면 지하를 포기하게 마련이다. 경복궁 옆 서촌에는 지하가 있는 건물이 드문 이유다.

그런데 서촌에 아주 독특한 건물이 하나 있다. 근래에 지어진 건물이면서, 가장 깊숙한 지하 공간이 마련된 곳이다. 2017년 경복궁 영추문 옆에 들어선 복합문화공간 '보안1942'다. 일제강점기인 1942년부터 있던 보안여관 옆자리에 지어진 이 건물의 지하는 자그마치 16미터에 달한다. 사연도 그만큼 깊다. 보안1942의 경우 땅을 파고 건물을 완공하기까지 5년 반이나 걸렸다. 1년이면 족히 끝날 공사였지만 몇 배나 걸린 셈이다.

땅을 파니 조선시대 집터 네 개가 나왔다. 각각 초기, 중기, 후기, 일제강점기의 시대별 흔적이 고스란히 남아 있었다. 문화재를 조사하는 데만 2년이 걸렸고, 공사 허가를 받는 데 또 그만큼 걸렸다.

통상 문화재가 나오면 땅속을 건드리지 않고 땅 위에만 건물을 짓는다. 보안1942의 경우 새로 지을 건물이 협소해 건축주는 지하를 파길 원했다. 그래서 끈기와 열정을 갖고 발굴 기간과 비용을 감내했다. 지하를 파는 대신 문화재를 위한 유적 전시관을 따로 둬야 했는데, 그들이 택한 해법이 빛났다. 건물이 유적을 그대로 품었다. 집터 네 개를 지하 2층 바닥으로 내려앉혔다. 지형을 3D로 스캔해 재현한 뒤 건물의 가장 밑바닥에 재배치했고, 그 위에 이중 강화유리를 깔았다. 지하 2층 자체가 유적 전시관이 된 셈이다. 바닥에 강화유리가 깔린 덕에 유적 위를 걸어 다닐 수 있다. 방문객은 유리 바닥 아래로 조선시대 집터를 내려다보는 이색적인 공간을 체험할 수 있지만 내가 살 집의 터에 문화재가 나왔을 때 이렇게까지 할 수 있는 건축주가 몇이나 될까.

우리가 미어캣이 되어 동네 관찰을 하고 다닌 이유다. 우리 집 땅 밑에서 아무개 씨가 나올까 봐 조마조마했다. 그렇게 한동안 동네를 관찰한 결과, 역시나였다. 실제 공사에 들어간 후 지하를 포기한 건물이 꽤 많았다. 허름한 단층주택을 허물고 지하가 있는 지상 3층의 협소주택을 지으려 했는데, 문화재가 나온 경우도 있었다. 한동안 문화재 발굴 조사를 하더니 결국 땅을 덮었다. 지하 없이 지상 3층만 있는 건물이 됐다. 땅의 활용가치는 뚝 떨어졌다. 건축법에 따라 주차장도 만들고 (한옥은 면제된다), 대지 경계선에서 0.5미터 안으로 들어와 건물을 짓다 보니 옛 건물보다 새 건물이 훨씬 작아졌다. 계획했던 지하까지 포기해야 해서 손해는 더 컸다. 면적만 따져보면 기존 건물을 리모델링하는 게 나을 수 있다. 하지만 땅의 속사정이 어떤지는 기존 건물을 철거해 봐야 알 수 있다. 그야말로 운명이었다.

우리 땅에도 문화재가 나올 개연성은 꽤 있었다. 우리 집의 경우 200미터 거리에 서울시 민속문화재 제29호로 지정된 홍종문 가옥이 있다. 우리 집은 홍종문 가옥의 옆집이었던, 큰 기와집 터의 일부였다가 쪼개진 집이다. 이런 상황에서 들려오는 문화재 괴담에 우리는 마음을 졸일 수밖에 없었다. 인근에 있는 어느 땅에서 발굴 조사 결과 명성황후의 인장이 나오기도 했다. 건축주가 발굴비 수억 원을 냈고, 인장은 국가에 귀속됐다. 또 어느 땅에서는 조선 광해군 때 인왕산 아래 지었다는, 지금은 사라진 인경궁 터가 발굴되기도 했다.

만약 문화재가 나온다면 우리 집은 신축해선 안 됐다. 그렇게 되면 지하 공간은 모두 날아가고, 12평가량의 지상 한옥만 지어야 한다. 허문 옛집의 면적이 13.4평이었다. 결국 옛집보다 더 작은 집을 짓는 셈이다. 기껏 시간과 돈을 들여 신축했는데 오히려 예전보다 땅을 더 활용하지 못하는 상황이 닥칠 수도 있었다. 만약 우리 집 터에서 문화재가 나온다면, 우리는 집을 지으면서 겪을 수 있는 모든 골치 아픈 일을 다 겪어본 건축주로 명예의 전당에 오르겠구나 싶었다. 문제적 집 짓기, 그랜드슬램 달성이로세.

2019년 3월, 볕이 참 따사로운 어느 날 시굴 조사가 시작 됐다. 작은 굴착기 한 대가 와서 폭 2미터, 길이 4미터의 구덩 이를 파기 시작했다. 문화재청 소속 문화재 자문위원이 현장 에서 구덩이 속을 살폈다. 자문위원은 무언가 아리송한지 고 개를 갸웃거리며 구덩이 주변을 뱅뱅 돌았다. 현장에 참관했 던 진택은 그 순간 숨도 잘 안 쉬어졌다고 했다. 구덩이 안에 켜켜이 쌓여 있는 땅의 결들이 보였다고 했다. 그 결이 예사롭 지 않았던 것일까. 하지만 한참을 살펴보던 자문위원의 결론 은 이랬다. "집은 지어야 하니까. 갑시다." 통과였다.

더 구체적인 설명은 훗날 받은 문화재 시굴 조사 기록에 담 겨 있다. 문화재청의 발굴 허가를 받아 시굴 조사를 한 문화재 연구원이 발행한 책자 형태의 보고서였다.

"조사 지역 내에 시굴한 결과 지표 아래 1~1.5미터에서 풍 화 암반층이 확인되며, 그 상부는 현대 건축물 폐기물과 연탄 재 등이 퇴적된 상태이다. 조사 지역 내에서는 유구나 유물은 확인되지 않았다. 계획대로 공사를 진행하여도 무방하다고 판 단된다."

우리는 그렇게 문화재 괴담에서 해방됐다. 『집을 지을 때 겪을 수 있는 101가지 고통스러운 일을 다 겪고 집 못 지은 이야기』의 저자가 될 뻔했다가 구사일생으로 집 지은 이야기를 쓰게 됐다. 나와 진택은 체부동에서 아마도 처음이자 유일한, 지하가 있는 한옥을 지을 수 있게 됐다.

지하를 팔 때 장대석 서너 개가 나왔다. 요즘엔 기계로 돌을 다듬지만, 그 돌은 딱 봐도 사람 손으로 쪼아 만든 돌이었다. 일일이 정성껏. 버리기엔 아까웠다. 이 돌을 어떻게 할까. 돌이 원래 있던 곳인 지하 거실에 장식품처럼 둘까 했는데, 현장 소장님이 기겁했다. 돌에 무슨 사연이 있는 줄 알고 집 안에 들이냐는 것이었다. "영화 〈기생충〉이 딱 그런 이야기"라는 소장님의 말에 영화를 되짚어 봤다. 그러고 보니 장남 기우(최우식)가 선물로 받은 수석을 집 안에 들이면서 온갖 사건 사고를 겪었구나. 결국 땅 밑 아무개 씨의 사연이 담긴 돌은 집 안에 들어오지 못했다. 대신 집 앞과 뒷마당에 놓여 댓돌로 제 역할을 톡톡히 하고 있다.

"아, 그 크레인으로
지은 집?"

집을 산 지 1년 반쯤 지난 2019년의 봄날, 드디어 공사가 시작됐다. '대체 이 집은 공사를 하는 거야, 마는 거야? 포기했나?'라는 이웃의 궁금증이 극에 달할 무렵, 우리 집은 기지개를 켜고 포효했다. 사자후의 일갈처럼 화끈하고 쩌렁쩌렁하게. 우리 집 공사 이야기는 금세 온 동네에 퍼졌다. 작은 집의 공사가 얼마나 요란한지, 알 만한 사람은 다 아는 현장이 됐다.

공사 초반, 골목길 초입에 사는 교장 선생님이 현장에 찾아와 눈이 휘둥그레져서는 "보통 공사가 아니네, 보통 공사가 아니야"라며 고개를 절레절레 흔들었다. 사실 우리도 같은 심정이었다. 그 모습에 놀라지 않을 사람이 어디 있으랴. 낡은 동네의 지붕을 수시로 넘나드는 대형 장비가 등장한 덕이다. 새벽마다 외계인 침공의 한 장면 같은 모습이 연출됐다. 촉수 같은 장비가 기와지붕 위를 넘나들고 뻗어 나가는데…. 보는 사람도, 공사를 하는 사람도 아찔한 장면이었다. 마무리 공사 때 우리 집에 들른 한 목수의 말을 듣고 집의 유명세를 실감했다.

"아, 이 집이 그 크레인으로 지었다는 집이구나? 사대문 안에서 작업하는 사람들 사이에서 유명하죠."

우리 집을 유명하게 한 주역이자, 모두가 불가능하다고 말했던 공사를 가능케 한 것은 '크레인'이었다. 동네 한옥 공사역사상 처음으로 등장한 장비이기도 했다. 물론 이 장비를 공사 현장에 투입하자는 아이디어를 내고 실행에 옮긴 것은 시공사 고진의 강석목 대표였다.

강 대표는 우리 집 건너 건너에 있는 삼계탕 가게의 주차장을 활용하면 공사를 할 수 있겠다고 판단했다. 골목길이 좁아지하 굴착용 장비를 들이는 데 한계가 있으니, 크레인을 건너편에 대놓고 필요한 장비를 넘기는 방식이었다.

주차장과 우리 집 사이에는 집이 한 채 있다. 삼계탕 가게의 직원 식당으로 쓰는, 오래되고 낡은 집이다. 그나마 다행인건 사람이 상시 거주하는 집이 아니라는 사실이었다. 더불어삼계탕 가게 사장님은 공사를 위해 주차장을 쓸 수 있게 허락해 주셨다. 다만 시간 제한을 뒀다. 영업이 시작되기 전인 오전 9시에서 10시 사이에 차를 빼야 했다. 크레인을 활용한 공

150톤짜리 대형 크레인이 지하 파기를 위한
3.5톤짜리 오거크레인을 번쩍 들어 올려 옮기고 있다.
'크레인으로 지은 집'으로 소문나게 된 장면 중 하나다.

사는 오전 5~6시부터 시작했기에, 우리에게는 길어봤자 4시간가량의 시간이 주어졌다.

건축주의 계산기는 바빠진다. 크레인을 4시간만 써도 하루 대여 값을 내야 한다. 하루 종일 크레인을 쓰면 공사도 더 빨리 할 수 있고 비용도 줄일 수 있지만 어쩔 수 없다. 협소주택을 지을 때 평당 공사비가 더 많이 드는 까닭이다. 몇 시간이면 전기 공사가 끝난다고 해도 인건비는 일당으로 지급해야 한다.

공사 방식을 대략 설명하자면 이렇다. 차가 들어갈 수 없는 골목길에 있는 집이라면 기존의 집을 철거할 때 나오는 폐자재를 손수레에 실어 사람이 일일이 밖으로 나른다. 하지만 우리 집의 경우 대형 마대 자루에 담아 쌓아놨다가 크레인으로 한 번에 밖으로 빼냈다. 폐자재가 담긴 자루에 고리를 걸고 크레인이 그것을 들어 올려서 음식점 주차장에 대기하고 있는 대형 폐기물 차에 싣는 식이다. 인부 여러 명을 써서 골목길로 일일이 빼내는 경우나 크레인을 쓰나 비용은 엇비슷했다.

땅을 파는 데 쓰는 작은 굴착기도 크레인으로 투입시켰다. 크레인 줄에 매달린 작은 굴착기가 저 너머 주차장에서 들어 올려지고, 한옥 지붕을 가로질러 우리 집 땅으로 넘어올 때, 원근감이라는 개념을 눈으로 직접 보며 이해하게 됐다. 저 너머에서는 게딱지처럼 작게 보이던 크레인이 땅 가까이 오자 쑥 커졌다. 크레인이 움직이는 모습을 보고 있자면 "으아아아

아악" 소리가 절로 나왔다. 크레인 기사가 실수로 굴착기를 엉뚱한 지점, 가령 남의 집 지붕에 내려놓는다고 생각하면 등골이 오싹해졌다. 다행히 그런 일은 일어나지 않았다. 신호수가 있어서다. 공사 현장의 신호수는 저 너머 주차장에 있는 크레인 기사와 무전기로 소통하며 공사를 진행했다.

공사 내내 재야의 고수를 정말 많이 만났다. 그들이 묵묵하게 지내온, 때론 견뎌온 시간이 차곡차곡 쌓인 내공을 보고 있자면 가슴이 먹먹해졌다. 소규모 건설 현장은 이런 노장들의 힘으로 근근이 굴러가고 있다. 고수들은 간식 시간마다 "우릴 이어서 이 일을 하겠다는 젊은 친구들이 없어"라며 한숨을 쉬었다. 대형 건설 현장의 경우 이미 외국인 근로자들이 인부의 대다수를 차지하고 있다.

우리의 심금을 가장 크게 울린 이는 오거크레인 기사님이었다. 특수 건설기계인 오거크레인은 땅을 팔 때 꼭 필요한 장비다. 쉽게 말해 오거^{auger}는 대형 나사못과 비슷하게 생긴 도구다. 이를 땅에 박았다 빼내며 구멍을 낼 때 쓴다. 오거를 매단 크레인이 땅의 사방에 구멍을 뚫으면 거기에 강철 기둥(H형강)을 촘촘히 박아 넣는다. 기둥과 기둥 사이에는 나무판자를 댄다. 지하를 본격적으로 파기 전에 땅속에 담부터 치는 거다. 흙을 파내다 옆집의 토대가 무너지지 않게 방지하는 '흙막이 공사'다.

우리 집의 규모를 생각해 강석목 대표는 가장 작은 오거크레인을 수소문해서 불렀다. 그게 3.5톤짜리다. 옆집이 무너지지 않게 땅속 보강 공사를 하는 데 꼭 필요한 장비다. 이 장비가 들어갈 수 없는 집이라면 지하를 못 판다고 봐야 한다. 우리 집의 경우 이 오거크레인을 대형 크레인으로 넘겼다. 평소 쓰던 크레인이 25톤짜리였다면, 3.5톤 오거크레인을 넘길 때는 150톤짜리 크레인이 필요했다. 커다란 오거크레인이 더 커다란 크레인에 매달려 우리 집 땅으로 넘겨졌다. 작은 굴착기가 넘어올 때도 악 소리가 났는데, 3.5톤 차량이 허공에 떠서 남의 집 지붕을 넘어올 때는 숨이 안 쉬어졌다.

무사히 3.5톤 크레인이 대지 안에 놓였다. 작은 땅이 크레인으로 꽉 찼다. 오거크레인 기사님의 신공은 이때부터 펼쳐졌다. 좁은 땅 안에서 차를 움직이는 것만으로도 버거울 것 같은데, 기사님은 요리조리 움직이면서 오거를 땅에 박고 빼내기를 반복했다. 실제로 보지 않고서는 믿기 힘든 작업이었다.

문제는 사방에 오거 작업을 해야 한다는 것이었다. 차를 360도 회전시킬 공간이 없는 데다 골목길도 좁다. 일단 첫날에는 작업을 반만 하고, 다음 날 새벽에 다시 대형 크레인을 불러 차를 돌려 앉혀서 반대편 작업을 하기로 했다. 그런데 오거크레인 기사님은 하루 만에 작업을 끝내버렸다. 땅의 사방에 강철 기둥이 박혔고, 3.5톤 오거크레인은 ㄱ 기둥에 둘러싸인 채 마치 철창 속에 갇힌 모습으로 그날 모든 작업을 마무리했다. 그 모습을 찍어둔 사진을 보고 있자면, 〈세상에 이런 일이〉에 제보라도 하고 싶어진다. 스스로를 가둔 오거크레인을, 다음 날 150톤 크레인이 들어 올려 꺼냈다.

오거크레인 작업을 이틀에 나눠 진행했다면, 150톤 크레인을 세 번 불러야 했다. 처음에 집어넣을 때, 돌릴 때, 빼낼 때. 하지만 오거크레인 달인을 만난 덕에 그 비싼 크레인을 두 번만 불러도 됐다. 150톤 크레인은 한 번 부를 때 300만 원이 든다. 건축주 입장에서는 달인 기사님 덕에 300만 원을 절감한 셈이다.

콘크리트 타설공(건물을 지을 때 구조물의 거푸집과 같은 빈 공간에 콘크리트를 부어 넣는 일을 하는 숙련된 노동자)도 대단했다. 우리 집의 경우 총 다섯 명이 합을 이루어 일했다. 그들의 리더는 일흔 살에 가까운 노장이었다. 그가 레미콘에서 뽑아져 나온 두꺼운 호스를 잡자 엄청난 압력으로 콘크리트가 콸콸 쏟아졌다. 콘크리트는 너무 묽으면 잘 마르지 않고 내구성이 떨어진다. 반대로 너무 되직하면 고르게 펴내기가 힘들다. 레미콘에 담긴 적당하게 되직한 콘크리트를 호스로 뽑아내려다 보니 그 압력이 상당했다. 호스를 제어하며 최대한 골고루 뿌리는 것이 노장 타설공의 몫이었다. 가장 어려운 일이기도 했다. 노장이 앞장서서 호스를 잡고 보조 한 명이 뒤를 받치면서 콘크리트를 뿌리면, 다른 두 사람이 갈퀴로 콘크리트를 고르게 펴냈다. 나머지 한 명은 기계로 콘크리트 양이 적당하게 뿌려졌는지를 측정했다.

머리가 하얀 타설공의 일솜씨는 가히 압권이었다. 그는 늪처럼 푹푹 빠지는, 몸을 가누기 힘든 콘크리트 속을 휘젓고 다니며 엄청난 압력으로 움직이는 호스를 제어하면서 독무를 췄다. 쏴아아 덜커덕, 쏴아아 덜커덕. 레미콘의 소음이 다른 모든 소리를 집어삼키는 현장에서, 호스를 잡은 노장은 "어어어!" 하는 일갈과 손짓만으로 현장을 지휘했다. 쏟아지는 힘을 버티며 방향을 조절하는 그의 모습은 그야말로 고된 독무였다. 그렇게 바닥 기초를 다지는 콘크리트가 반듯이, 찰랑거리며 차올랐다. 희한하게도 덜 마른 콘크리트에 벌이 꼬였다. 노장이 말했다. "콘크리트가 향긋해서 그래. 벌이랑 잠자리가 와서 많이 죽지. 젊은 친구들이 벌처럼 잠자리처럼 죽어나가기 싫어서인지 이 일을 안 하려고 해. 너무 힘들거든."

공사 현장에서는 어떤 공정이든 세대의 끝이 보였다. 그나마 타일공과 목공은 형편이 나은 편이었다. 타일공 중에는 호주나 캐나다에서 일하다 온 유학파가 꽤 있었다. 해외에 일자리도 많고 벌이도 괜찮아서 외국에 나가려고 일을 배우는 젊은 사람도 있는 편이다. 목공도 젊은 세대가 있었다. 하지만 상당수의 건축 공정의 경우 대가 끊기는 것을 걱정하고 있었다. 이 세대의 끝이 온다면 어떻게 될까. 기술은 발달하고 있지만 오히려 오늘은 어제처럼 집을 짓기 힘들고, 아마도 내일은 오늘처럼 집을 짓기 어려울 것이다. 기술이 아니라 사람의 손과 경험이 필요한 일도 많기 때문이다.

지하의 천장이자, 한옥의 1층 바닥이 콘크리트로 채워지고 있다.
호스를 잡고 있는 노장 타설공의 카리스마는 대단했다.

지하 공사를 하기 전에 걱정했던 것은 무려 네 가지였다. 문화재, 돌, 물, 옆집. 문화재는 나오지 않았지만, 만약 암반이 나온다면? 시공사 대표는 지하를 파기 전부터 "돌이 나오면 덮자"라고 했다. 통상 지하를 파다 암반을 만나면 폭파시키며 파 내려간다. 발파 비용도 상당하지만, 우리 집은 진동 문제로 인해 할 수 없다고 했다. 주변에 집이 다닥다닥 붙어 있어서 혹여나 금이 갈 수 있었다. 물이 나온다면 그것 역시 골치 아픈 일이다. 지하를 생활공간으로 써야 하는데, 물로 인해 늘 습기가 차 있다면 어떡할 것인가. 지하에 두기로 한 옷방과 각종 수납공간은 못 쓰게 된다. 돌과 물이 나오지 않더라도 혹여나 지하를 파 내려가다 이웃집에 금이라도 가면 어쩌나. 하아, 거금 들여 공사 보험이라도 들어야 하는 건 아닌지 심각하게 고민했다.

다행히 기우였다. 땅은 단단하면서도 잘 파졌다. 물도 돌도 없었다. 놀랍게도 우리 땅에서는 황금빛의 고운 모래가 나왔다. 이 모래 덕에 우리 집은 '크레인으로 지은 집'에 이어 '황금 마사가 나온 집'으로 또 한 번 소문났다. 지하를 파 내려가면 습기 때문에 흙이 검게 젖어 있는 경우가 태반인데, 우리 집 지하에서는 놀랍게도 바짝 마른 황금빛 흙이 나왔다. 햇빛 아래에서 오랫동안 건조된 것 같은 흙이었다. 크레인 기사님도 "긁으면 잘 긁혀요. 지반이 너무 연약하지도 않고 강하지도 않은 딱 적당한 땅이네요"라고 했다.

온갖 골치를 겪던 우리에게 처음으로 쉼표를 안긴 순간이었다. 지하는 너무나도 잘 파져서, 처음에 생각했던 것보다 더 깊이 팠다. 그 덕에 지하의 천장고가 높다. 답답하지 않다. 바짝 마른 흙이 나온 지하답게 늘 건조하다. 겨울에는 가습기가 필수다. 지난여름에 폭우가 계속됐지만, 제습기를 따로 돌리지 않았다. 설계를 할 때부터 지상 공간이 부족해 옷방을 지하에 둘 수밖에 없어 걱정했는데 옷방은 여전히 보송보송하다.

　집을 다 짓고 난 뒤 평온한 어느 날, 강석목 대표를 만났다. 집을 짓기까지 좌충우돌했던 지난날의 소회를 나누는 자리였다. 강 대표는 "서촌에 세울 수 없는 집을 지었다"라고 말했다. 보물 같은 지하가 있는 한옥이라서다. 그는 "한옥과 다른 현대적인 공간이 지하에 있고, 음악을 크게 틀어놔도 소음 걱정을 하지 않아도 되는 데다가, 100년이 지나도 골조에 문제가 없을 터이니 물려주는 집으로 생각하고 사세요"라고 말했다.

　'못 지을 집'을 '물려줄 집'으로 바꾸며 기어이 지었다. 그걸로 됐다 싶었다. 끝을 몰라 지치고, 가야 할지 말아야 할지 두렵기만 했던 그 많은 순간을 우리는 기어이 지나왔다. 추운 겨울날 찜질방 같은 안방에서 등을 지지고, 새소리를 들으며 잠에서 깨고, 봄기운이 느껴지는 마당에서 천천히 내린 드립 커피를 홀짝거리며 우리는 지난날을 잠깐씩 추억하곤 한다.

사모님으로
콴툼 점프

집 짓기는 사람과 맺는 관계의 집합체였다. 각 공정마다 다양한 사람들의 품이 더해져 집이 모양새를 갖추어 나갔다. 지속적으로 오가는 이도 있었고, 한 차례만 왔다 가는 이도 있었다. 많은 이를 압축적으로 만나는 '짓기'의 과정 안에서 우리는 어딘가 어색할 때가 많았다. 맺을 관계가 많은데 우리 관계가 정리되지 않은 탓이라고 할까? 부부가 아닌 연인으로 집 짓기를 하다 보니 무엇보다도 호칭이 어색했다. 한번은 이런 일이 있었다.

실내 마무리가 한창일 때, 현장 소장님이 자꾸 한지를 골라달라고 해서 농담인 줄 알았다. 도배용 한지 종류가 뭐 그리 많다고 그러나 싶었다. 소장님은 "한지도 색깔과 무늬가 엄청 다양해요"라며 웃었다. 우리 역시 "이제는 하다 하다 한지까지 선택하라고 농담하시네"라며 웃어넘겼는데 막상 공정이 다가오니 참말이었다.

소장님께서 한지 샘플북을 건네주셨다. 옛날 집집마다 한 권씩 있던 전화번호부, 혹은 사진 앨범마냥 크고 두꺼웠다. 샘플북을 열자 놀라운 한지의 세상이 펼쳐졌다. 노란색, 분홍색, 푸른색, 하얀색, 베이지색, 대나무 무늬, 단풍 무늬 등등. 별의별 한지가 다 있구나 싶었다. 우리는 심사숙고한 끝에 무늬가 없는, 은은한 크림색을 골랐다. 그런데 종이 심지가 간간이 굵직하게 들어가 촌스럽게 느껴지는 더 새하얀 한지를 발라야 우리가 원하는 하얀 안방을 만들 수 있다고 했다. 바꿀까 말까 고민하는 나를 보며 도배 사장님이 말했다.

"사모님이 결정하세요."

부부가 아닌 연인 관계의 집 짓기 과정에서는 '사모님'이라는 어색한 호칭을 맞닥뜨리게 된다. 결혼을 준비하면서 가장 많이 듣는, 처음엔 어색하지만 금세 익숙해지는 호칭이 '신부님'이라더니. 나는 신부님이 되기 전에 사모님으로 콴툼 점프를 했다. 토목 공사가 한창일 때는 호칭을 부를 일이 거의 없었는데, 공사 단계가 실내 마감으로, B2B[business to business]에서 B2C[business to consumer]로 넘어가자 나를 '사모님'이라고 부르는 사람이 많아졌다.

처음 사모님 소리를 들었을 때는 닭살이 오소소 돋았다. "저 사모님 아니에요"라고 말하자니 그렇게 부른 사람은 또 얼마나 민망할까. 그리고 백이면 백 "그럼 당신은 누구십니까"라는 질문이 이어질 터였다. 아, 어디서부터 어디까지 말해야 할지, 또 이런 말을 얼마나 많이 해야 하나 싶어 택한 것이 침묵이었다. 긍정도 부정도 하지 말고 '사모님'이란 호칭에 기대어 자연스레 넘어가자.

아마도 진택은 '사장님' 소릴 많이 들었을 터다. 사장님도 어색하지만, 사모님이 더 어색하다. 만약 우리 사이를 공사하시는 분들이 알게 된다면 우리 못지않게 어색할 것이다. 남자친구와 여자친구가 짓는 집, 아직 신부님이 되지도 않았는데 사모님이 된 나와, 신랑님이 되지도 않았는데 사장님이 된 그가 짓는 집. 우리 집은 그런 별난 두 사람이 똘똘 뭉쳐 지은 집이다.

집 짓기는 각 공정마다 선택해야 할 것이 정말 많다. 마무리 단계로 갈수록 더했다. 타일은 어떤 걸로 할지, 벽지를 바를지 페인트를 칠할지 선택의 연속이었다. 세면대, 수전, 샤워기, 싱크대, 변기, 심지어 휴지걸이, 수건걸이까지! 모든 것이 이미 결정되어 있는 공간에 몸만 들어가서 살다 보니 집을 구성하는 요소가 얼마나 많은지 미처 몰랐다. 집은 관계의 집합체이자, 작은 요소들의 결정체였다.

집 짓기가 한창일 때, 과감한 결단력으로 인생에서 삽질을 서슴지 않고 해온 내게도 이른바 '메뉴판 기피증'이 왔다. 지금껏 살아오면서 내렸던 결정보다 집을 지으며 결정해야 하는 것이 더 많았다. 끝없는 선택의 지옥에 갇힌 것 같았다. 한번 선택하면 되돌릴 수 없으니 더 어려웠다. 마음에 안 드는 타일을 보며 계속 살아야 하면 어쩌지? 식당에 가면 메뉴판을 보는 것도 싫어질 정도였다. 함께 짓는 집이라 함께 결정해야 하는 것도 많은데, 우리가 늘 같이 붙어 다니는 건 아니었다. 나와 그는 결정의 순간이 올 때마다 말했다.

"남자친구(여자친구)와 상의해 볼게요."

우리의 관계를 잘 아는 강석목 대표 역시 선택의 메뉴판을 던지며 자주 말했다.

"남자친구(여자친구)와 상의해 보세요."

그리고 꽤나 긴 정적이 흘렀다. 말해놓고 보면 이상한 거다. "남편(아내)과 상의해 볼게요"나 "남편(아내)과 상의해 보세요"라고 말했다면 별스럽지 않았을 터다. 자연스럽게 말이 나왔는데 그 말을 다시 인지한 뇌가 로딩하는 시간이 필요하다고나 할까.

이럴 때도 있었다. 서촌에 한옥을 짓고 있다고 말하면, 사람들이 "혼자?"라며 되물었다. 혼자라는 말 뒤의 물음표에는 통상 이런 문장이 압축되어 있다. '미혼인데 집 짓기를 위한 시간과 비용을 어떻게 감당하고 있니? 너는 여러모로 부자구나.'

"남자친구랑 짓고 있어요"라고 대답하면 "아, 남자친구랑?" 하고 또 묻는다. '그렇지, 둘이 한다고 하니까 시간도 돈도 일견 납득이 되는데, 예비 신랑도 아니라 남자친구라고 하니 좀 이상하다'라는 의미가 함축되어 있다.

남자친구와 데이트는 할지언정, 함께 집을 짓는 경우는 많지 않을 것 같다. 우리의 관계와 행위가 사회 통념과 좀 다르다 보니 질문도 많이 받았다. "둘이 안 싸우니?" 이 물음표 뒤에도 역시 많은 의미가 함축되어 있다는 것을 안다. '부부야 싸우더라도 법적으로 이혼하기 전에는 관계를 유지할 수밖에 없는데 너네는 싸우면 끝, 남이잖아. 그런데도 어떻게 서로 믿고 집을 짓고 있나 몰라.'

집 짓다가 이혼하는 경우도 있다고 한다. 집 짓기는 선택의 연속인데 둘의 생각이 맞지 않는 경우 싸움이 일어난다. 공사팀을 통해 전해 듣기로, 어떤 부부의 한옥 공사 현장에서는 아침과 저녁마다 공사 방향이 달라졌다고 한다. 아침에 아내가 와서 결정한 대로 공사를 진행하고 있으면 저녁에 남편이 와서 모두 뒤엎었다는 것이다. 둘의 결정이 극과 극이라 중간에 낀 시공사로선 골치가 아픈 모양이었다. 이렇게 되면 공사 진행은 자꾸 더뎌지고, 비용만 늘어나게 된다.

그런데 희한하게 우리는 안 싸웠다. 각자 골몰하는 분야가 다른 덕이다. 이를테면 나는 디자인과 같은 미감의 영역에 주로 신경을 쏟는 데 비해, 진택은 시공과 설비에 관심이 많다.

CCTV 등 방범 문제도 그의 영역이다. 우리는 각자 좋아하는 영역에 집중한다. 관심 없는 영역에 대해 상대방이 의견을 구할 때 "응! 그렇게 하자" 또는 "음, 이런 건 어떨까?" 정도의 코멘트만 한다.

이것만으로 싸우지 않는 걸 설명하기엔 부족하다. 아마도 이 이상스럽고 불완전한 관계가 만드는 '적당한 선'의 영향도 있는 것 같다. 서로 싸우면 정말 힘들어진다는 걸 우리는 잘 알고 있었다. 우리는 이 독특한 한옥 프로젝트 때문에 결혼도 하기 전에 금전 관계가 얽혔다. 만약에 감정이 상한다고 바로 싸워버리면 불편한 마음이 풀리기보다 오히려 더 큰 싸움으로 이어질 수 있다. 잘못 싸울 경우, 뒷감당이 더 어렵고 손해가 크다는 것을 알기에 우리는 가능한 한 선을 지킨다. 싸움이 문제를 해결해 줄 수는 없다. 자존심 때문에 서로 이기려고 괜한 힘을 빼지 않는다. 선택의 어려움을 알기에 관심 없는 영역이라도 방관하지 않고 최대한 열심히 선택에 임한다. 때로 서운한 일이 생기면, 시간이 조금 지난 뒤에 서운했던 감정만 전한다. 무엇보다 이 기약 없고 힘든 프로젝트를 감당하고 있는 그와 내가 가여워서, 우리는 가끔씩 서로 꼭 안아준다. 괜찮아, 어른이니까 어서 함께 수습하자고.

하물며 가족도 이런 프로젝트를 하고 있는 우리를 이해하지 못할 때가 많았다.

"빨리 결혼이나 하지 말이야. 돈이 되기는커녕 돈만 많이 드는 한옥을 짓겠다고 저렇게 고생한담", "애는 안 낳을 생각이니? 애 떨어지면 어쩌려고 난간 살을 이렇게 헐렁하게 해놨어."

이러니 서로를 보듬지 않으면 우리는 너무 힘들어졌다. 부부 회식이 아닌, 친구 회식은 점점 더 잦아졌다. 일 하나 넘기고 위로하며 한잔, 또 하나 넘기고 자축하며 한잔. 힘든 고비 하나 넘기고 자랑스러워서 한잔, 속상해서 한잔. 남자친구야, 사장님아, 너밖에 없다. 여자친구야, 사모님아, 내 맘 알아주는 건 너뿐이다. 이렇게 서로를 위로하고 응원했다.

어느덧 집 짓기 2년째, 우리의 휴대전화에는 집 사진만큼 한잔 기울였던 회식 사진이 많아져 버렸다.

너의
이름은

아파트가 집이 되어가는 여정과 단독주택이 집이 되어가는 여정은 너무나 다르지만, 특히 다른 점이 하나 있다. 바로 '이름'이다. 아파트를 분양받을 경우, 집의 이름을 따로 정하지 않는다. 그런데 주택을 지으면 유독 이름을 짓는다. 재, 헌, 가, 당자로 끝나는 이름의 향연이다. 건설사의 브랜드 이름이 붙는 남이 지은 아파트와, 내 취향대로 짓고 사는 집에서 비롯된 애착의 차이일까? 건축가 승효상 선생은 이런 당호堂號 짓기를 인문 정신의 출발이라고 명명했다. 집에 담고 싶은, 삶의 방식에 대한 이름 짓기라고도 했다.

승 선생이 운영하는 건축사무소의 이름은 이로재履露齋다.

대학로에 있는 그의 사무소에 가면, 이 당호가 적힌 제법 큰 현판이 건축가의 책상 뒤에 놓여 있다. 오래되었지만 힘찬 글씨가 눈길을 끈다. 뜻을 풀이하면 '이슬을 밟는 집'이다. 『소학』에 나오는 효행을 뜻하는 단어다. 한 선비가 아버지가 기침하시기 전에 웃옷을 걸치고 밖에서 기다리고 있다가, 아버지가 일어나 나오시면 따뜻해진 옷을 벗어 걸쳐 드린다는 이야기다. 승 선생은 이 현판을 유홍준 명지대 석좌교수의 집 설계비 대신 받았다고 한다. 원래는 전라북도 부안의 200년 된 고택에 걸려 있던 현판이다. 집은 폐가가 되었고, 유 교수가 현판만 간직하고 있었던 터다. 당시 승 선생이 설계한 유 교수의 집은 그 유명한 수졸당守拙堂이다. '큰 솜씨는 마치 서툰 것처럼 보인다'라는 의미다. 유 교수는 『도덕경』에 나오는 사자성어인 대교약졸大巧若拙에서 그 이름을 따왔다고 한다.

건축가는 현판을 받고서 '이로재'로 사무소 이름을 바꾸었다. '이슬을 밟는 집'을 의역하면 '효성이 지극한 가난한 선비의 집'이라는 의미이고, 이 절제와 검박의 정신은 '빈자의 미학'이라는 자신의 건축 철학과 맞닿아 있다는 것이 그의 설명이다. 이렇듯 승 선생은 주택을 설계할 때마다 그 집의 이름을 직접 짓는 것으로 유명하다. 건축주가 이를 원하는 경우도 많다.

건축주 입장에서는 총력을 다해 지은 집의 당호를 정하고, 그 이름대로 살고픈 마음이 있다. 이름에 걸맞은 삶을 꿈꾸는 거다. 열심히 지은 집인 만큼 이 집에서의 삶은 이랬으면 좋겠다는 바람, 앞으로 어떻게 살아가고 싶다는 마음을 집에 담고자 한다.

한옥의 경우 상량식도 한다. 집의 뼈대가 거의 완성되는 단계에 대들보 또는 마룻보 위에 대공(들보 위에 세워서 마룻보를 받치는 짧은 기둥)을 세우고 집의 제일 꼭대기 나무 부재인 마룻대(상량)를 올리며 축하하는 의식이다. 마룻대에는 집을 지은 내력이나 축원문을 쓴다. 이른바 상량문이다. 마룻대에 쓰기도 하고, 따로 홈을 파서 축원문을 봉인하기도 한다. 옛집을 고칠 때 이런 상량문이 종종 발견되기도 하니 재밌다. 집의 이력을 적어놓은 유산과도 같다. 지금은 온라인에서 건축물 대장 등을 통해 집의 이력을 확인할 수 있지만, 과거에는 이런 내밀한 기록을 집에 직접 남겨두었다.

우리 역시 집 짓기 전부터 이름을 고민했다. 집에 인문 정신을 담고 싶었지만 거창한 이름을 짓고 싶지는 않았다. 한문학에 대한 소양도 얕디얕았다. 생각나는 대로 한자음을 뱉어보며 이름 짓기를 시작했다. 소소한 삶을 원하는 우리의 바람을 담아, 소소재라고 이름 지을까? 아니면 '웃을 소'를 넣어 웃고 또 웃으며 사는 집이라는 의미를 부여할까. 소소재笑笑齋라는 이름을 써봤다가 전국에 이 이름을 가진 한옥이 많다는 걸 알고서 마음을 바꿨다.

다음 후보는 여소재與蘇齋였다. '함께 소생하는 집'이라는 의

미를 담았다. 소생한다는 의미의 '소蘇'자가 특히 마음에 들었다. 풀과 물고기와 벼가 모여 이런 의미를 담다니, 되도록 육식을 지양하는 우리의 라이프스타일과도 맞는 듯했다. 다행히 비슷한 이름을 가진 집도 없었다. 한동안 여소재는 우리 집의 예비 이름이었지만, 100퍼센트 만족스럽지는 않았다. 집은 작은데 너무 큰 의미를 담아 집을 무겁게 하는 것은 아닐까 고민스러웠다.

집의 뼈대를 완성하는 날, 즉 상량식 날이 다가올수록 마음은 급해졌다. 그러던 어느 날, 건축계의 지인들을 만나 저녁을 먹던 차에 집의 이름을 고민하고 있다는 말이 나도 모르게 불쑥 튀어나왔다.

"집 이름을 정해야 하는데, 뭘로 해야 할지 고민이에요. 이름을 꼭 정해야 할까요? 정하자니 마음에 쏙 드는 이름도 없고, 안 정하자니 그래도 되나 싶고….."

말이 끝나기 무섭게 한 지인이 말했다.

"이름 정하지 마. 무슨 이름을 정해. 집은 그냥 집이지. 우리 집이 최고야. 에이 하지 마, 하지 마."

쉽사리 결정하지 못하고 자꾸만 갸우뚱거리는 내게 그는 조금 물러서서 말했다.

"꼭 정하고 싶으면 그냥 쉬운 걸로 하던가."

"쉬운 이름요? 하하호호 웃자, 이런 걸로?"

"하하호호 좋네! 하하호호로 해. 내가 문패 써줄게. 사람 웃는 얼굴 넣어서 하하호호라고 쓰면 되겠다."

서울 성북구의 어느 와인바 한 귀퉁이에서 우리 집 이름은 '하하호호'로 정해졌다. 하하호호라고 외치고 듣는 순간 가슴 팍에 진하게 새겨졌다. 뭐랄까, 우리다움의 정신이 깃들어 있다고 할까. 잘난 체하지 않고 너무 진중하지도 않은, 안 지은 듯 지은 듯한, 가볍고 유쾌한 이름이었다.

상량식도 달라져야 했다. 우리는 전부터 상량식이 부담스러웠다. 상량식은 마치 함 들어오는 날 같은 행사 날이다. 혹자는 삶은 돼지머리까지 올려가며 그동안 고생한 목수들에게 감사를 전하는 잔칫상을 마련한다. 목수들은 상량문이 적힌 마룻대를 올리면서 용돈을 넣어주지 않으면 무거워서 못 올리네, 마네 한다. 마치 함 들어오는 날 함진아비와의 '밀당'과 같다. 옛날 현장에서 손으로 일일이 나무를 재단하던 시절에 목공사가 끝난다는 것은 대단한 의미였을 터다. 하지만 요즘에는 공장에서 나무를 재단한다. 정확도를 높이기 위해서다. 공사 현장에서는 재단된 나무를 조립만 하니, 우리 집의 경우 목공 작업이 일주일 만에 끝났다.

결혼식도 하지 않으려고 궁리하는 우리에게 상량식이라니. 남들이 한다고 우리도 꼭 해야 할까? 하하호호라는 이름과 함께 아이디어가 하나 떠올랐다. '마룻대에 글을 쓰지 말고, 그림을 그리자. 하하호호 정신을 담은 그림이면 되잖아. 우리 집의 인문 정신은 상량문이 아니라 상량도로 담아내는 거야. 누가 그리냐고? 꼬물꼬물 그림의 대가 밥장이 있잖아.' 10여 년 전 함께 이집트 여행을 간 인연으로 '맑은 모임'을 결성해 지금 껏 하하호호 만나고 있는 일러스트레이터인 밥장에게 그림을 그려달라고 부탁할 참이었다. 밥장이 그림을 그리는 것으로 상량식을 대체하면 되겠다 싶었다.

일은 일사천리로 진행됐다. 밥장은 바쁜 와중에도 흔쾌히 작업을 해주기로 했다. 목공사를 시작하기 전에, 시공사 측에서 대청에 설치할 마룻대 두 개를 남원 공장에서 미리 재단한 후 서울로 올려 보냈다.

마룻대가 제법 길어 은평 한옥마을에 있는 시공사 사무실에서 그림을 그리기로 했다. 2019년 6월 15일이 그날이었다. 밥장은 무려 3시간에 걸쳐 상량도를 그렸다. 마룻대 하나에는 '북악산 아래 우리 집'을, 또 다른 나무에는 '하하호호 즐거워' 를 그려달라고 부탁했다. 밥장은 우리 집을 그리고, 북악산을 그리고, 오밀조밀한 동네를 그렸다. 다른 마룻대에는 나와 진택을 그리고, 말풍선으로 '하하호호'를 쓰고, 우리가 좋아하는 것을 채워 넣었다. 맥주도 좋아요, 커피도 좋아요, 음악도, 책도 좋지요. 놀고 있는 각설탕 친구도 신나게 그렸다. 우리만의 상량식에는 나의 절친이자 미디어 아티스트인 홍유리도 참석했다. 상량도가 완성되자 우리 넷은 연신내역이 한 식당에서 소맥을 말아 마시며 뒤풀이를 했다. 마음에 쏙 드는, 그런 상량식 날이었다.

일러스트레이터 밥장이 그린 상량도.
'북악산 아래 우리 집, 하하호호 즐거워'
라는 의미를 담았다.

마룻대의 상량도를 본 시공사 사람들은 무척 신기해했다. 통상 봐왔던, 집의 이름과 기원하는 마음과 몇 날 며칠에 지었는지를 한자로 쓴 상량문과 완전히 다르니 그럴 수밖에. 상량도가 그려진 마룻대는 그렇게 집의 꼭대기에 잘 자리 잡았다. 이 집을 짓고 있는 우리처럼, 통상적이지 않은 상량문이로세. 마음에 쏙 들었다.

하지만 인생이란 모름지기 한 치 앞을 모르는 것. 한 달도 채 못 가 상량도가 사라졌다. 2019년 7월 13일, 장마를 앞두고 습기로부터 나무를 보호하기 위해 오일스테인을 바르던 날이었다. 현장에 들렀더니 상량도가 까맣게 뭉개져 있는 것이 아닌가. 천장을 보느라 젖힌 고개와 함께 입이 딱 벌어졌다. 오일을 칠하던 인부가 상량도 위까지 오일스테인을 칠해버린 것이다. 유성 페인트 펜으로 그려진 상량도는 기름을 만나 그렇게 뭉개져 버렸다. 통상 상량문은 수성 페인트나 다름없는 먹으로 썼던 터라 오일 코팅을 해도 무방했고, 하던 대로 작업한 결과였다. 칠해도 되는지 한마디만 물어봤어도…. 우리의 가슴도 시커멓게 뭉개졌다.

상량도를 기획했던 날들, 상량도를 그리던 순간이 마구 스쳐 지나갔다. 이 어이없는 사건을 목도하고 넋이 나가버린 우리 앞에서 현장 소장님은 안절부절못했다.

"잠깐 자리를 비운 사이에 이렇게 사고를 쳤네. 내가 복구해 놓을게요. 전국에서 제일 잘하는 단청장 불러서 똑같이 재현해 놓을게….”

밥장이 얇은 유성 펜으로 만화 컷처럼 그린 상량도를 어떤 단청장이 와서 똑같이 그린단 말인가. 설령 가능하다고 해도 그게 무슨 소용이 있을까, 원본도 아닌데. 시커멓게 뭉개진 상량도를 보기가 힘들어 우선 지워달라고 요청했다. 현장 소장 님은 곧바로 상량도를 사포로 갈아 지웠다. 그렇게 상량도에 그려진 '북악산 아래 우리 집, 하하호호 즐거워'의 실체는 사라 졌다. 우리의 기억과 휴대전화 사진 폴더에만 남아 있다. 현장 소장님은 새 나무를 구해줄 테니 거기에 다시 그려 붙이자고, 혹은 밥장이 이미 설치된 마룻대에 다시 그리면 어떻겠냐고 제안했지만 (마치 미켈란젤로가 목을 꺾고서 대성당 천장에 천지창 조를 그렸던 것처럼 말이다) 우리는 그렇게 하지 않았다. 비워진 대로 그냥 뒀고, 지금도 그렇다.

이날 이후 우리는 우리 집을 하하호호라고 꼭 명명하지 않 는다. 지금도 집 이름은 따로 없다. 때때로 별칭처럼 하하호호 를 쓰기도 하지만, 그저 우리 집이다. 북악산 아래 있는 즐거 운 우리 집. 진택과 은화가 총력을 다해 온 마음을 모아 지은 우리 집. 때로는 하하호호, 때로는 여소재라고 부른다. 언젠가 부르고 싶은 이름이 생길 날이 있겠지. 그래, 우리가 이 사건 을 통해 집에 담게 된 인문 정신은 '헐렁하게 살기'다.

다만 요새는 집의 어느 나무 귀퉁이에 낙서를 하려고 벼르 고 있다. 제일 꼭대기 옆 어딘가에 아주 유치한 글귀를 적을

상량도가 그려진 마룻대는 집의 천장 꼭대기에 잘 자리 잡았지만,
작업 인부가 그림 위에 오일스테인을 칠해서 결국 뭉개져 버렸다.

작정이다. '은화야 진택아 사랑해'라던가, '최진택 빵꾸똥꾸'라던가. 그런 걸 끼적여 놓고 싶다. 훗날 할머니 할아버지가 되어 집의 귀퉁이에 남모르게 적힌 이 낙서를 보고 웃음을 터뜨릴 수 있게, 강력하게 유치한 글귀를 오늘도 엄선하고 있다.

체부동 너른 마당에 자리 잡은 우리 집.

가운데 마당을 품은 ㄷ자 한옥이다.

옛집을 사서 짓기까지 3년가량 걸렸다.

구석구석 손 안 간 곳이 없다.

서촌 우리 집을 소개합니다.

집 안에 이런 마당이 있다.

팬데믹에도 이 마당 덕에

햇살과 바람을 즐기며

갑갑하지 않게 지내고 있다.

밖에서 보면 작은 집이지만, 들어서면 넓다.

부엌, 다이닝 공간, 계단실이

하나로 연결돼 있어 개방감이 상당하다.

원래 안방 앞에 있던 화장실을 현관 옆으로 옮기기까지

많은 고민을 했는데 탁월한 선택이었다.

집에 들어서자마자 손 씻기 편하다.

나는 집중할 일이 있거나 어딘가
꼭 박혀 있고 싶을 때 다락에서 머문다.

다락은 방문객을 위한 게스트룸이 되기도 하고,

진택과 빗소리를 들으며 술 한잔하는 바로 변신하기도 한다.

오후 무렵 안방은 참 아늑하다.

창호지를 투과한 빛이

이런 따스한 색감으로 방을 채운다.

안방에서 바라본 중정의 모습.

사람들이 화장실을 보면 놀란다.

작지만 욕조도 있고, 수납 공간도 알찬데

창문까지 훤히 뚫려 있어서다.

우리는 변기에 앉아 보는 마당뷰를 좋아하지만,

손님이 오면 간이 커튼을 걸어둔다.

ㄷ자 한옥 가운데에는 마당이 있다.

한옥의 어디에서든 마당이 보이고,

우리는 봄부터 가을까지 마당에서 많은 시간을 보낸다.

살아보니 한옥에는 이런 현대식 지하 공간이 꼭 필요하다.
수납공간도 넉넉히 확보할 수 있는 데다가
여름에는 시원하고, 겨울에는 따뜻하다.

특히 재택근무를 할 때 서재에서 일하면 집중이 잘된다.

6장
기어이
살다

나의 집,
나의 삶,
나의 생태계

한옥 생활자,
40세 집구석 은퇴 라이프

2020년 3월 우리는 한옥으로 이사했다. 그동안 공사 현장을 오가며 '이 집에서 자고 일어나면 어떤 기분일까? 이 공간이 익숙해지는 날이 올까?'를 숱하게 되뇔 정도로 한옥에서의 삶은 상상하기 힘들었다. 드디어 한옥에서 살아보니, 이 낯선 공간에 익숙해지고 나서 보니 우리의 삶은 조금 달라져 있었다.

가장 큰 변화는 잠드는 시간이다. 서촌은 깊은 밤의 동네다. 오후 8~9시만 되어도 자정인 듯 깊은 밤이 찾아온다. 오후 9시쯤 되면 기어이 우리에게도 졸음이 내려앉아 행동이 굼떠진다. 그래도 이 시간에 잠드는 건 너무 심하잖아, 그렇게 버티고 버텨봤자 10시에는 잠든다. 일찍 자고 일찍 깬다. 오전

5~6시 무렵이면 어디선가 경쾌하고 곱게 지저귀는 새소리가 들린다. 일어나서 동쪽 창을 열면 광화문의 해돋이를 볼 수 있다. 그렇다. 우리는 일찍 자고 일찍 일어나는 새 나라의 어린이가 된 것이다.

서울에서 이런 생활 패턴을 갖게 된 것은 처음이다. 대학 시절, 배낭 하나 덜렁 메고 전국을 홀로 돌아다니던 때가 있었다. 통영에서 배를 타고 연화도라는 섬에 갔다. 지금은 관광객으로 넘쳐난다는데, 그 시절 연화도에는 몇 안 되는 주민들과 많은 수의 흑염소가 있었다. 당시 섬에는 민박집도 없었던 터라 나는 연화사라는 절의 식객이 됐다. 주지스님은 추운 겨울 서울에서 홀로 온 (사연 많아 보이는) 대학생을 절의 살림을 맡고 계신 보살님 방에 묵게 해주셨다. 그렇게 절에서 김장도 거들며 일주일을 연화도에 머물렀다. 그곳에서는 오후 5시쯤 저녁을 먹고 보살님과 〈6시 내 고향〉을 시청한 뒤 이부자리를 펴고 잠에 들었다. 그리고 새벽 3~4시쯤 일어났던 것 같다. 좀 더 밝아지길 기다렸다가 섬의 가장 높은 곳, 언덕 꼭대기로 올라갔다. 그곳에서 날마다 바다에서 솟아나는 해를 봤다.

도시에서는 지는 해를 바라보는 게 익숙했다. 그런데 연화도에서는 뜨는 해를 보는 삶이 일상이 됐다. 수십 년 전의 이야기가 문득 떠오른 건, 체부동 한옥살이가 연화사에서의 삶과 닮아 있어서다. 섬에서나 가능할 것 같았던, 일찍 자고 일찍 일어나는 삶이 어떻게 도심 한가운데에서 사는 우리에게

집 안에서 이런 해돋이를 본다.
햇빛이 들어오는 창의 위치를 보면 시간을 짐작할 수 있다.

가능해진 걸까?

체부동 한옥도 광화문이라는 '섬'에 있다. 직장인이 퇴근한 중심업무지구의 밤은 더없이 고요하다. 그 인근인 체부동 한옥보존지구의 밤은 더 조용하다. 초저녁만 돼도 동네는 깊은 밤 속에 빠진 듯 숙면 상태에 돌입한다.

적막함의 이유는 골목길에 있다. 찻길이 아니라 사람이 다니는 길만 있는 동네여서다. 자동차 소리는 생각보다 정말 크다. 사통팔달 도로망이 필수인 도시에 살면서 이 소음에 무뎌졌을 뿐이다. 4차선 도로변에 있는 연남동 집에서 골목길에 있는 체부동 한옥으로 이사 오니 그 차이를 실감할 수 있었다. 연남동에 살 때는 밤마다 차 소리에 시달렸다. 4층 빌라까지 차 소리가 소용돌이치듯 올라왔다. 창문을 열어야 하는 여름밤이면 도로 옆에 이부자리를 펴고 누워 있는 기분이 들 정도였다. 부아아아앙 밀려왔다가 부아아아앙 밀려나가는 소리가 밤새 무한 반복되니 쉽게 잠들지 못했다.

체부동의 경우 골목길 초입에는 음식점들이 있지만, 길 안쪽으로 조금 더 들어가면 한옥보존지구로 묶여 있는, 그야말로 사람 사는 집만 있다. 동네 주민과 살금살금 다니는 고양이들 아니고서야 밤중에 골목길을 걷는 이는 거의 없다. 깊은 잠에 빠진 동네의 공기는 강력한 수면제를 머금은 듯 묵직하다. 오후 9시부터 하품이 나오면서 10시 무렵에는 눈꺼풀이 천근만근, 결국 안방 이불 속으로 들어간다. 오늘 남은 일은 내일 아침 일찍 하기로 한다.

차만 없어도 동네가 이렇게 조용할 수 있다는 게 놀라웠다. 한번은 안방에 앉아 휴대전화 앱으로 소음을 측정해 보았다. 22데시벨이 나왔다. 이는 적막이 흐르는 방에서 들을 수 있는 나뭇잎이 부딪히는 소리나 모기 소리 정도라고 한다.

사실 도로 소음은 '조용한 살인자'라고도 불린다. 환경부에 따르면 유럽 등에서는 1980년대부터 소음으로 인한 질병 발생 가능성을 조사하기 시작했다. 세계보건기구에서 2018년에 펴낸 〈유럽 환경 소음 지침〉에 따르면 소음이 협심증이나 심근경색과 같은 허혈성 심장질환, 고혈압, 수면장애 등을 유발할 수 있다고 경고했다.

2020년 7월 15일 《한국일보》가 서울시의 3차원 소음지도를 분석한 기사 〈귀청 찢는 차 소음… 용산·영등포 주민 절반이 잠 설친다〉에 따르면 서울 시민의 22.3퍼센트가 밤 시간대 환경 기준치를 초과한 소음 공해에 시달리고 있는 것으로 나타났다. 3차원 소음지도는 '소음 발생 지점과 소리가 전파되는 경로, 주변 지형을 고려해 내 집에서 느끼는 소음 영향을 예측해 만든 지도'다.

소음진동관리법에 따른 도로 소음 관리 기준은 주거지의 경우 낮에는 68데시벨, 밤에는 58데시벨이다. 서울시 3차원 소음지도에 따르면 용산구 이촌동 강변북로의 밤의 소음도는 80.3데시벨이다. 주요 도로 주변의 고층 아파트, 오르막길이

봄날 만개한 사과꽃을 그냥 지나칠 수 없지 않은가.
조촐한 막걸리 상을 차려놓고 꽃구경을 실컷 한다.

많은 동네일수록 시끄러운 동네로 꼽혔다. 반면 정동 덕수궁 길 주변 거주지는 46.5데시벨을 기록해 서울 시내에서 밤에 가장 조용한 동네로 꼽혔다. 그런데 우리 집은 겨우 20데시벨 수준이다. 골목길은 사람 길인 탓에 집을 짓는 데 여러 가지 불편함을 주었지만, 고요함이라는 선물도 안겨줬다.

더욱이 밤에는 동네가 시골처럼 캄캄하다. 자동차 불빛도 없고, 저층 한옥 밀집 지역이라 고층 건물의 휘황찬란한 네온 사인도 보이지 않는다. 밤에 빛이라곤 가로등 불빛과 별빛, 달빛 외엔 없다. 놀랍게도 그렇다. 캄캄하고 조용하니 초저녁만 돼도 깊은 밤처럼 느껴진다. 그래서 우리는 일찍 자고 일찍 일어나서 활동한다. 주말에는 이른 아침에 인왕산을 오르고 청량리 새벽 수산시장도 다녀오고, 평일에는 출근 전 앞마당의 나무와 뒷마당의 텃밭을 돌본다. 초보 농사꾼이 그렇듯 텃밭에 잎채소부터 야무지게 이것저것 심어놓은 터라 물 주랴 벌레 잡으랴 손 갈 일이 많다.

4월 봄날의 어느 날, 뒷마당에 사과꽃이 만개했다. 사과나무 아래에 김치가 안주인 막걸리 상을 차렸다. 그 모습을 찍어 친구들이 있는 단체 채팅방에 올렸더니 다들 난리가 났다.

"아주 그냥 은퇴 라이프를 즐기고 계시는구먼."

맞다. 진택과 나는 우리의 이런 삶을 '집구석 은퇴 라이프'로 명명했다. 우리는 집에만 오면 은퇴 생활자처럼 지낸다. 집 밖은 시간과 계절을 잊게 하며, 하늘 보기도 힘든 치열한 밥벌이의 현장이다. 하지만 집 안에서는 시간과 계절과 하늘을 매 순간 확인시켜 주는 삶이 펼쳐진다. 우리는 해가 지면 자고, 해가 뜨면 일어난다. 지금 몇 시인지 시계를 보지 않아도 창에 드는 햇살의 위치로 짐작할 수 있다. 아침에는 동쪽 안방 위창과 계단 창이 환해지고, 점심에는 남쪽 대청 쪽 창으로 햇빛이 고루고루 쏟아지며, 해가 질 무렵에는 서쪽 주방 창에 붉은 노을빛이 들어온다. 집에서 달돋이도 본다. 달도 해와 비슷한 궤적을 그리며 이동하는 것을 한옥에 살면서 알게 됐다. 달빛도 햇빛 못지않게 밝다. 특히 보름날이면 둥그런 보름달이 중정을 환하게 비추고, 그 빛이 집 안으로 들어온다. 보름달이 뜬 밤에는 화장실에 가다가 '어이쿠, 불을 켜놨나' 하고 깜짝 놀라기도 한다. 동서남북으로 창이 나 있는 집에 살면서 알게 된 것들이다. 한 면 또는 두 면에만 창이 있는 아파트에서는 도무지 알 수 없는, 해와 달의 순환기다.

15년 넘게 기자로 일하면서 늘 남의 일상만 쫓으며 살았다. 내일을 예측하기 힘든 삶이었다. 나의 시간은 주로 타인의 이야기를 듣고 글을 쓰는 데 쓰였다. 한옥을 짓고 나서, 한옥에 살면서도 크게 달라진 것은 없다. 전처럼 예측할 수 없는 하루를 살아가고 있다. 다만 이전보다 잘 쉰다. 주말이면 집구석 은퇴 라이프에 몰두한다. 날이 좋다고 테라스가 있는 카페에 꼭 가야 할 것만 같은 조바심이 생기지 않는다. 밖에서, 차 안에서, 허투루 썼던 시간을 아끼게 됐다. 주말이면 전화해 "어

도심 한복판이자 시골 동네에 있는 한옥에서 살며
이 달빛에 놀랄 때가 많다.

디야?"라고 묻던 친구들이 이제는 "집이냐?"라고 확인한다. 우리의 대답은 한결같다. 네, 저희는 오늘도 집에 있습니다. '집콕' 하며 회복 중이거든요.

하루 종일 시끌벅적한 도시에서 살던 때와 달리, 도시 한복판 시골 같은 동네의 나무집으로 이사 온 뒤로 몸과 마음 모두 많이 편해졌다. 늘 긴장한 채 사느라 불편하고 지쳤던 몸과 마음을 돌보게 됐다. 허둥지둥 쫓기지 말고, 조금 느리게 살아도 괜찮지 않을까.

앞마당의 툇마루에 팔베개하고 누워 드라이아이스 연기처럼 무시로 모양을 바꾸는 구름을 구경하며, 동네 어느 나무에 앉아 노래하는 작은 새의 소리를 들으며 오늘도 그런 생각을 한다.

한옥은
불편한가

한옥 생활자로 산 지 2년 남짓 됐다. 사계절을 지내보니 한옥을 조금 알 것 같다. 한옥은 엄청나게 불편하진 않고, 다소 까다로운 관리가 필요한 집이다. 아파트처럼 대신 관리해 주는 관리 사무소가 없으니 집을 관리하는 주체가 우리일 수밖에 없다.

어느 날 집의 내외 골격을 주로 관리하는, 나보다 더한 프로 불편러이자 사실 한옥보다 양옥을 좀 더 사랑하는 진택에게 물었다.

"우리 집, 이떤 점이 가장 불편해?"

말이 끝나기 무섭게 진택은 답했다.

"나무집이라는 것."

그러니까 어떻게 손쓸 수 없는 근원적인 불편함이다. 물론 나무집의 장점도 있다. 새집인데도 지금껏 새집증후군을 겪지 않았다. 한옥에 살면서 아토피가 나았다는 증언도 꽤 많다. 집에 들어서면 향긋한 나무 냄새가 나서 따로 디퓨저를 쓰지 않는다.

하지만 나무가 주는 불편함은 제법 많다. 나무집은 살아 숨쉰다. 일본 애니메이션 〈하울의 움직이는 성〉처럼 역동적으로 걸어 다니는 수준은 아니지만, 집이 분명 살아 있다. 어느 날 식탁에 앉아 차를 마시는데 '우직' 소리와 함께 지붕에서 흙가루 같은 것들이 조금 떨어졌다. 이런 일이 10개월가량 이어졌다. 처음엔 지붕이 무너지는 줄 알고 놀랐지만, 익숙해지니 "또 떨어졌네" 하고 심드렁하게 청소기로 마룻바닥을 민다. 시공사에 물어보니 나무가 수축하고 팽창하면서 자리를 잡아가는 과정이라고 했다. 나무에 홈을 파 끼워 맞추며 결합한 것이 한옥인데, 나무가 부풀었다 쪼그라들면서 자리를 잡아간다는 것이다.

목공사를 할 때 작업하던 목수가 "자다가 우지끈 소리가 나더라도 집이 안 무너지니 걱정 마라"라고 말했다. 그때는 에이 설마, 했는데 집이 정말 그런다. 기와지붕이 무겁게 내리누르는 나무집은 단단하게 자리를 잡으려면 2년 정도 걸린다. 결국 나무 틈을 실리콘으로 메워서 흙이 떨어지는 건 막았지만, 아마 내년에도 지붕에서 우지끈 하는 소리는 계속될 것이다.

어디 그뿐인가. 집에 금이 간다. 오늘날엔 공장에서 바짝 건조시킨 나무로 한옥을 짓지만, 그래도 집이 들어선 자리의 날씨와 기온에 따라 나무가 어김없이 갈라진다. 새집인데도 나무 기둥과 들보에 이미 금이 쩍쩍 가 있다. 콘크리트 양옥이라면 큰일 날 상황이지만, 나무집의 경우 자연스러운 현상이다. 갈라진 틈으로 바람이 숭숭 들어오는 것만 같지만 기둥이 두껍고 갈라진 틈의 깊이가 얕아 별문제는 없다.

나무가 자꾸 울기도 한다. 말 그대로 정말 눈물을 흘린다. 서까래며 기둥이며 나무에서 송진이 나와 흐르다 눈물방울처럼 통통하게 맺힌다. 그대로 굳어버리기도 하고, 바닥으로 떨어지기도 한다. 모르고 밟았다간 끈적, 바닥이 난리가 난다. 먼지와 엉겨서 시커멓게 눌어붙기라도 하면 청소하기 꽤나 번거롭다. 그래서 가끔 고개를 들고 나무를 살피다 큰 눈물방울이 보이면 꾹 눌러놓는다. 반복해서 하다 보면 포장지 뽁뽁이를 누르듯 절로 집중하게 된다. 천장고가 높아 작정하고 하려면 사다리가 필요하다. 송진 방울을 아예 떼지 않는 이유는 흐른 자리에 또 흘러내릴 것이고, 무엇보다 송진 냄새가 향긋해서다. 소나무 향이 은은하게 퍼진다.

나무에 종종 오일을 칠해줘야 한다. 햇빛을 받으면 나무가 바래지고, 비에 젖으면 썩는다. 그래서 나무가 좀 더 튼튼하게 자리 잡을 수 있게 1~2년에 한 번씩 칠을 해주는 게 좋다.

이러한 이유로 진택이 집착하는 것이 하나 늘었다. '구멍 난 양말'이다. 걸음걸이가 하도 힘차서 그런지 내 양말에는 유독 구멍이 잘 나는데, 진택은 그걸 호시탐탐 노린다. 구멍이 너무 크게 난 양말을 슬쩍 쓰레기통에 버렸는데, 어느 날 집의 구석진 곳에서 다시 그 양말과 조우한 적도 있다. 구멍 난 양말아, 너는 참 곱고 야무지게 접혀 보관되어 있었구나. 이 집에서 발생하는 일은 나 또는 진택이 한 일이니 누가 했는지 뻔하다. 진택은 구멍 난 양말만 모으는 게 아니다. 무릎이 튀어나온 추리닝, 해진 옷도 진택의 수집품이다. 그냥 모으는 게 아니다. 오일을 칠할 때 쓰기 위함이다. 옷이나 양말에 오일을 묻혀서 나무를 닦아내듯 칠하는 깃이 붓을 이용할 때보다 고르게 발라진단다. 물론 나는 1년에 한 번 있는 작업을 위해 진택이 자꾸만 모아두는 해진 옷들이 보기 싫어 슬며시 버렸고, 진택은 계속 거둬들였다. 이를 수차례 반복하다가, 서로 타협안을 내놓았다. 해진 것들을 위한 자리를 만듭시다. 결국 진택이 각종 공구 보관용으로 만든 뒷마당의 수납장에 해진 것들을 보관하고 있다.

미세먼지가 심한 요즘에는 바깥 창호 살에 먼지가 금방 소복이 쌓인다. 한옥에 살면 늘 걸레를 들고 다녀야 한다는데 나는 그냥 외면하고 산다.

물론 장점도 있다. 살아 숨 쉬는 나무집은 애주가에게는 취하지 않는 밤을 선사한다. 우리 집에서는 술을 많이 마셔도 다음 날 개운하다. 정말이다. 다른 공간에서 정밀 인체 실험도 해봤다. 이사 온 후 처음으로 외박을 했을 때다. 남산 자락의 5성급 호텔에서 '호캉스'를 하며 남산이 보이는 제법 좋은 방에서 우리 집에는 없는 TV도 실컷 보고, 책도 잠깐 읽고, 와인도 마시며 신나게 놀았다. 그런데 다음 날 일어나니 분명 집에서보다 적게 마셨는데 두통이 찾아왔다. 보기 좋던 통유리창도 열 수 없어 답답했다. 24시간 만에 집으로 돌아오니 밀려오는 나무 냄새가, 높은 천장고가 역시나 상쾌함을 안겼다. 호텔보다 우리 집이 더 좋구나. 호캉스 체험 이후 집에 대한 애정 지수가 수직 상승했다. 아무리 건조한 날씨여도 한옥 내부는 늘 적정 습도를 유지한다. 겨울철 보일러를 뜨끈하게 땔 때 우리 집 가습기는 콘크리트로 지은 지하에서만 가동된다. 습도를 알아서 유지하는 나무집, 한옥에서는 가습기가 필요 없다.

어릴 적 단독주택에 살아본 경험이 있는 사람일수록 주택살이가 고달프다고 말한다. "바쁜데 집을 어떻게 관리하느냐"라는 질문도 많이 받았다. 우리는 우리 집의 관리자로서, 돈으로 대리인을 사지 않고 우리의 노동력을 투입한다. 집 앞 골목길의 낙엽을 쓸고 앞마당과 뒷마당을 살피고, 집의 구석구석을 확인한다. 집이 크지 않아서 감당할 수 있다. 새집이라 크게 손 갈 일은 많지 않고, 스스로 몸을 움직여서 하는 일이 주는 기쁨도 크다.

집의 주요 골격은 진택이 관리하고, 나는 텃밭과 화초, 그리고 집 내부를 가꾼다. 주말이면 집에서 따로 또 같이, 각자 자기 영역에서 무언가에 몰두하고 있을 때가 많다. 모든 것이 '일'이라고 생각하면 숨 막힌다. 우리는 아름다운 우리 집이 좋은 상태를 유지할 수 있도록 아끼고 보살핀다. 잘 관리된 집은 그만큼 우리에게 평온함을 안겨준다. 그러니 집을 관리하는 일이란, 집과 우리가 서로 윈-윈하는 일임이 분명하다.

진택은 이 집으로 이사 와서 '크래프트 생활자'로 거듭났다. 몸의 변화도 생겼다. 사무직 근로자로서 점점 얇아지던 그의 팔뚝이 두꺼워졌고, 손바닥도 두툼해졌다. 주말마다 집 앞 골목길에서 자꾸 뭔가를 만들기 때문이다. 을지로에서 목재를 사 와서 톱질하고, 드릴을 써서 나무 화분을 만든다. 뒷마당에는 울타리도 친다. 내가 집 앞에 두고 싶은 시멘트 화분을 이야기하면, 진택은 직접 만들겠다고 나선다. 그리고 뭔가를 '많이' 산다. 시멘트를 섞는 데 필요한 장비들이 해외 각지에서 자꾸 날아든다. 사서 쓰는 게 당장은 좀 더 비싸더라도 빠르고 쉽고 경제적인 것 같은데…. 그러나 나는 말리지 않는다. 직접 만들겠다고 말하던 그의 눈이 반짝반짝 빛났기 때문이다. 처음부터 끝까지 내 손으로 만들어 냈다는 성취감이 그를 빛나게 했다. 그리고 그가 직접 만든 화분과 각종 용품들이 우리 집의 생태계를 느리지만 단단하게 구축해 나가고 있다. 다소 어설퍼도 직접 만든 것이라 애착이 간다. 이걸 만들겠다고 주말마다 골목에서 톱질만 했었지, 하며 추억을 듬뿍 담아 이야기한다. 이 대목에서 진택은 남다른 공간 크기 때문에 기성품은 맞지 않아 어쩔 수 없다고 강조했다.

결국, 쉼을 어떻게 바라볼 것인가와 연결되는 이야기다. 주말이면 소파에 누워 TV 리모컨을 돌리다 잠들어야 잘 쉰 것일까. 교외의 예쁜 카페에 가서 찍은 사진을 SNS에 올려야 잘 쉬었다고 할 수 있을까. 우리는 체력 관리를 위해 인왕산에 오르거나 동네를 산책하는 시간 외에 주말에는 정말 집에서 오롯이 쉰다.

우리에게 쉼이란 아무것도 하지 않고 가만히 있는 것이 아니다. 쉼은 실로 다양하다. 텃밭 생태계를 관리하고 관찰하며, 갓 수확해 수분 가득한 오이고추를 베어 먹고, 색색으로 익은 방울토마토도 따 먹고, 호박잎 아래 숨은 사마귀가 커가는 것을 살피며 앞마당에서 햇볕을 쬐고 하늘을 구경하며 술도 커피도 한잔하는 그런 것. 집에서만큼은 시계를 보지 않고 해의 위치로 시간을 가늠하는 것도 쉼이다. 땀을 쏟으며 쓸모 있는 것을 만들어 내는 것 또한 쉼이다. 우리에게는 타의에 휘둘려 방전된 에너지를 집이라는 공간에서 오롯이 충전하는 것이 바로 휴식이다. 비록 관리할 게 많은 한옥이지만 집만큼 우리를 편안하게 하는 곳은 없다.

한옥살이 첫해 욕심껏
빽빽하게 심어놨던 잎채소들.
배추벌레에 놀라
이제는 잘 안 심는다.

토마토와 고추는
텃밭의 효자 상품이다.
잘 자라고 파는 것보다
훨씬 맛있다.

네모반듯하지 않아도
괜찮아

집을 짓고 처음 들인 반려식물은 스킨답서스와 호주매화였다. 특이한 식물을 많이 파는 동네 꽃집을 수차례 들락거리며 때로는 늦은 저녁 문 닫은 가게 유리창에 코를 박듯 구경하던 끝에 고른 식물이었다. 그렇게나 키우기 쉽다는 덩굴 식물 스킨답서스를 선택한 것에서 알 수 있듯, 나는 반려식물 초보자다. 식물을 직접 길러본 경험이 거의 없다. 이전에 살던 집에서 처음이자 마지막으로 길러본 것이 누군가 준 담쟁이덩굴이었다. 담쟁이덩굴은 쑥쑥 자라서 벽을 타고 천장을 건너 맞은편 벽으로 내려오는 생명력을 자랑했다. 그것이 마치 나의 생기 넘인 양 뿌듯했지만 오래가지 못했다. 담쟁이덩굴은 맞은편 벽을 정복하지 못하고 죽어버렸다.

　그런데도 식물을 들이겠다고 결정한 것은 무척 자연스러운 일이었다. 살면서 만나온 선생님들의 가르침이 쌓인 결과다. 곧 죽을 것만 같은 화초도 살려내는 능력자 엄마, 강원도 속초에서 정원학교를 운영하는 오경아 디자이너, 전라남도 장성의 백양사 천진암의 정관 스님이 나의 선생님들이다.

　엄마는 아파트 베란다 정원에서 해마다 난의 꽃을 피워내고, 키우기 어렵다는 화초들의 꽃도 보란 듯이 피워냈다. 그곳은 엄마의 자부심이었다. 특히 어릴 적 베란다 문을 열면 강하게 나던 치자꽃 향의 기억이 박혀 있어서 지금도 어디선가 그 향이 나면 무심결에 주위를 둘러보곤 한다. 치자나무를 발견하면, "아, 역시 치자꽃이잖아" 하며 동행에게 꼭 아는 척을 한다. 치자 향을 기억하고 찾아낸 것에 뿌듯해진달까.

　취재 차 속초에서 정원학교를 열고 있는 가든 디자이너 오경아 씨의 하루 수강생이 됐을 때였다. 그가 가꾸는 정원에는 생태계의 지혜가 가득했다. 봄꽃은 추위 때문에 크게 피지 않는 대신 곤충을 부르기 위해 향기가 진하고, 여름 꽃은 향기가 약한 대신 색이 화려하다고 했다. 더운 나라의 꽃일수록 알록달록 형형색색의 빛깔을 띠던 것이 떠올라 무릎을 쳤다. 그리고 식물의 진가를 알게 해준 그의 마지막 일격에 무릎을 꿇었다.

　"철은 계절이자 시간의 흐름이죠. 정원에는 식물이 있고,

온갖 기후가 머물고, 동물도 찾아와요. 정원 안에서 이 모든 걸 느끼고 보면서 저도 철이 드는 것 같아요."

철이 든다는 것은 제철을 안다는 의미가 아닐까. 나도 철을 알고, 철이 들고 싶다. 그래서 진택과 나는 정원을 가꾸기로 했다. 흙 마당이 있으면 더 좋았을 테지만 우리 집은 지하 공간을 만드느라 땅을 거의 다 파버렸다. 즉, 앞마당이 지하의 지붕이다. 집을 구상하고 짓는 동안 여러 한옥을 답사하며 고른 나무가 홍매화, 대나무, 배롱나무(백일홍)다. 여기에 소나무와 남천만 더하면 어느 한옥에서나 볼 수 있는, '정답'과 같은 한옥 식재 세트가 완성된다. 우리는 이 세 나무를 각각 앞마당, 뒷마당, 대문간에 심을 계획이었다. 홍매화는 북촌 어느 집 담벼락에 핀 것이 곱고 예뻐서, 대나무는 바람결에 흔들릴 때 나는 소리가 좋아서, 배롱나무는 꽃도 오래가고 수형 자체가 보기 좋다고 생각했는데 심을 땅이 없다. 그래서 화분으로 대체하기로 했다.

요즘에는 조경에 관심을 갖는 사람들이 늘면서, 정원이 넓은 집뿐 아니라 베란다나 옥상 같은 작은 공간을 멋지게 조경하는 곳이 꽤 많아졌다. 협소주택의 베란다에 돌 하나를 놓고 그 아래 바닥 조명 하나를 설치했을 뿐인데, 그 멋스러움이란. 무심히 툭 놓은 듯한 풀 한 포기노 집을 한층 싱그럽고 아름답게 만들었다. 건축가한테 조경 업체를 소개해 달라고 부탁했지만 우리 집처럼 작은 집은 조경을 해본 적 없다는 답변이 돌아왔다. 그래서 우리가 찾아보기로 했다.

　지인에게 화원을 추천받았다. 알고 보니 경기도 광주에서 식물원 카페로 입소문 나 인기를 끌고 있는 '파머스 대디'에 꽃과 나무를 공급하는 곳이었다. 화원이 위치한 과천 남서울 화훼단지로 달려갔다. 그리고 신세계를 만났다.

　남서울 화훼단지는 수도권의 반려식물 공급처였다. 비닐하우스에는 실내 식물들이, 노지에는 밖에서 키우는 나무들이 있었고, 화분과 같은 각종 부자재만 파는 가게가 따로 있을 정도였다. 화훼단지에는 식물에 관한 모든 것이 있었다. 지인에게 추천받은 화원으로 갔더니 그곳에는 우리가 익히 알고 있는 홍매화, 대나무, 배롱나무는 없었다. 대신 비닐하우스 안에도, 밖의 노지에도 듣도 보도 못한 화초와 나무들이 그득했다. 발 딛는 순간 압도당했다. 우리는 백지 상태인데 총천연색으로 뒤덮인 세상이 눈앞에서 소용돌이치고 있다고나 할까. 일전에 논현동 타일 가게에 갔을 때 눈이 핑핑 돌던 것과 비슷한 증상이 나타났다. 이 생소한 세계에서 무엇부터 어떻게 해야 하는 거지?

　처음에는 쉬운 길로 가고 싶었다. 화원 사장님에게 "저희 집에 오셔서 조경을 해주시면 안 될까요?"라고 슬쩍 짐을 떠넘겼다. 예쁜 완성품을 돈만 내고서 쉽게 갖고 싶었다. 사장님은 칼같이 끊었다.

　"내가 출장비를 받고 꾸며줄 수는 있는데, 그다음은 어떡해? 관리를 못 할 거잖아요. 화단에 심은 식물이 죽으면 그냥 둘 거예요? 본인이 심어보고 겪고 배워야 정원 생활자가 될 수 있다니까." 그리고 처방했다. "나들이 삼아 주말에 시간 될 때마다 와서 보고 가세요."

역시 한 번에 뚝딱 되는 일은 없다. 집 짓는 동안 내내 그랬다. 내 취향을 알고 내 것으로 만들기까지는 늘 시간이 걸렸다. 나를 알아가는 것은 꽤 수고로운 일이다. 가끔씩 남의 취향과 유행을 내 취향으로 삼아 단박에 소유하고 싶은 욕망이 일곤 했다. 사장님은 이 게으른 욕망을 죽비로 내리쳤고, 우리는 사장님의 처방대로 봄날 주말마다 화원을 찾았다. 경복궁역에서 지하철을 타고 양재역으로 가서, 버스로 갈아타 화원으로 향했다. 그렇게 조금씩 식물을 익혀나갔다. 진달래가 음지 식물이라는 것도 화원을 다니면서 알았다. 그제야 산의 응달마다 진달래가 피어 있는 게 보였다.

정원이 넓다면 더 멋진 수형의 큰 나무를 들였겠지만 작은 한옥에서는 무리였다. 선이 야리야리한 나무가 작은 한옥에 더 어울렸다. 사장님이 추천해 주신 나무 중에 고심한 끝에 앞마당에는 가침박달과 고광나무를 들였다. 대문 앞에는 산앵두나무, 뒷마당에는 사과나무를 뒀다. 사과나무는 '알프스오토네'라는 품종인데 자두만 한 크기의 사과가 열린다. 모두 생각지도 못한 식물 친구들이었다.

내친김에 미리 짜둔 화분에 텃밭 작물도 심었다. 요리에

집 앞 앵두나무는 이른 봄에 꽃을 피운다.
초여름에 앵두가 조랑조랑 달리고,
가을에는 곱게 단풍이 들어 눈을 즐겁게 해준다.

익숙하지는 않지만 집에서 식재료를 꼭 키워보고 싶었다. 넷플릭스의 음식 다큐멘터리 〈셰프의 테이블 시즌 3〉의 첫 번째 주인공이자, 《뉴욕타임스》에서 '철학자 같은 요리사the Philosopher Chef'라고 소개한 정관 스님이 꼭 키워보라고 하신 말씀이 가슴 깊이 남아 있었다. 언젠가 백양사 천진암에서 스님의 삼시 세끼를 취재하다 들은 말이었다.

"나를 알게 하는 힘과 에너지를 주는 것이 음식입니다. 미식도, 탐식도, 과식의 대상도 아닙니다. 사람은 음식으로 에너지를 얻고, 그 에너지로 음식을 만들죠. 정해진 조리법이 아니라 마음 에너지에 따라, 음식 재료의 본질을 생각하면 누구든지 요리할 수 있어요. 음식 재료를 아는 것은 자신을 알아가는 것과 같아요. 그래서 도시에 사는 사람들에게 화분에 고추든 상추든 한 포기의 식재료를 꼭 키우라고 권합니다."

제철 식재료로 만든 음식을 먹고 에너지를 얻는 것, 즉 음식 재료를 아는 것은 나의 에너지의 기원을 아는 일이다. 이런 말을 듣고서 식물을 심지 않을 수 없다. 땅과 가까운 집에 살게 됐으니 더더욱 그래야 했다.

그리하여 동대문 옆 종로5가에 있는 꽃시장에 드나들게 됐다. 각종 꽃과 나무를 팔고, 온갖 채소 모종도 파는 이 시장의 존재를 서울에서 사는 20년 동안 몰랐다. 나만 몰랐구나 싶을 정도로 주말이면 인파로 북적인다. 알고 나니 보인다. 동네 곳곳의 화분마다 무엇이 심어져 있는지, 이 모종들이 어디에서 온 것인지. 알고 보니 서촌 골목의 화분 텃밭 생태계는 실로 엄청났다. 우리도 대추, 방울토마토, 가지, 오이, 청양고추, 겨자, 쑥갓, 당귀, 호박 모종을 사다 뒷마당에 심었다. 모종이 가득 담긴 비닐봉지를 들고 버스를 탈 때 부자가 된 기분이었다.

한때 네모반듯하지 못한 땅 때문에 속 끓였다. 처음에는 비싼 땅을 제대로 활용하지 못하는 것 같아 속상했지만 집을 다 짓고 나서 자투리땅이 반려식물과 텃밭 작물의 자리가 되니 마음의 변화가 생겼다. 땅이 네모반듯하지 않아 다행이다. 만약 땅이 반듯했다면, 집의 크기를 늘리는 데만 집중했을 것이다. 내부 면적을 한 평이라도 더 늘리려고 땅을 모두 실내공간으로 만들었다면 이렇게 자연을 듬뿍 들이지 못했을 터다. 우리 집은 작지만, 앞과 뒤에 마당이 있다. 그곳에는 사과나무가 있고 오밀조밀 텃밭에서 각종 채소가 자란다. 대문간의 산앵두나무에 분홍 꽃이 흐드러지게 피면 벌들이 알아서 찾아온다. 계절의 변화를 보고 철을 알아가는 재미가 쏠쏠하다. 땅이 네모반듯하지 않은 덕에 생기를 뿜어내는 생명체와 함께 살게 됐다. 꽉꽉 채우지 않아도 좋다. 틈이 주는 활력이 크다. 집 짓는 동안 내 마음을 괴롭혔던 삐뚤빼뚤한 땅과 그렇게 작별했다. 살아보니 네모반듯하지 않아도 괜찮다.

여름날의 자연 보석들. 완전히 익은 뒤에
따 먹는 방울토마토는 진짜 맛있다.

맷돌 호박이 크면 호박죽을 쑤어 먹는 노란 호박이 된다.
애호박일 때 따다 된장찌개를 끓이면 달달하니 맛있다.

농약 사는
여자

나는 봄날 뒷마당에 들인 사과나무 화분에 푹 빠졌다. 양팔을
활짝 벌린 듯한 모양새의 나무 한 그루를 집에 들이고 싶어 택
한 것이 사과나무다. 처음 왔을 때 작은 잎사귀만 있어 푸르던
나무에 하얀색 꽃이 피기 시작하자 내 눈에 콩깍지가 단단히
씌었다. 부엌문 너머 보이는 흐드러지게 핀 하얀 사과꽃은 무
척 아름다웠다. 사과나무의 생명력은 대단했다. 화분에서 2.5
미터까지 자란 데다 엄청나게 많은 꽃을 피워냈다.

　사과가 열리면 따서 사과주를 담가야지. 알프스오토메는
비타민 사과라고 불릴 정도로 일반 사과보다 비타민이 열 배
더 많이 들어 있다고 했다. 꽃도 보고 사과도 따고 비타민주도

담그고. 좋다, 좋아.

　꿈은 야무졌다. 그런데 꽃이 만개했는데도 벌이 안 온다. 벌이 안 오니 애가 탄다. 벌이 와야 수정이 되고 사과가 열리고, 그래야 술도 담글 수 있는데 왜 벌이 안 오지. 어릴 적 벌에 쏘인 적이 있어 벌만 보면 벌벌 떨면서, 인왕산에 갈 때마다 벌만 보면 어떻게든 집으로 모셔 오고 싶어졌다. 사과를 향한 사랑의 힘은 오래된 트라우마까지 극복하게 했다. 벌만 보면 "벌님아, 우리 집에 가자"라며 초청장을 날리는 나를 보던 진택은 아예 나를 사과 엄마라고 부르기 시작했다. 그래? 난 사과 엄마 할 테니, 당신은 대문간의 앵두를 보살피는 앵두 아빠 해라.

　사과 엄마와 앵두 아빠 중에서 극성맞은 건 엄마였다. 사과 꽃이 흐드러지게 폈는데 하필 비가 오고 바람도 많이 분다. 수정도 하지 못한 꽃이 떨어질까 봐 사과 엄마는 전전긍긍했다. 아침에 눈 뜨면 화장실도 가기 전에 부엌 뒷문으로 달려 나갔다. 꽃아, 안 떨어졌니? 버텨라, 버텨내라. 그러다가 더는 못 참고 섀도용 붓을 사 왔다. 눈 화장 한 번 안 하던 내가 사과를 위해 이런 붓을 사다니. 사과야, 벌이 안 오면 내가 벌이 되어 열매 맺게 해줄게. 붓에 노란 수술의 꽃가루를 묻혀 암술에 비벼줄 작정이었다.

　붓을 들고 사과나무로 돌진하고 보니 꽃이 수백 개, 아니 수천 개가 달린 것 같다. 정신을 다잡아 본다. 옛말에 눈보다 게으른 게 없고 손보다 부지런한 게 없다고 하지 않았던가. 내 나이 어느덧 불혹, 불혹의 흔들리지 않는 정신력으로 붓을 들고 집중해 보자. 집에 놀러 왔다가 이런 내 꼬락서니를 본 오랜 친구가 일침을 가했다.

"야, 넌 애 낳으면 진짜 극성일 것 같아. 낳지 마. 애 잡겠어."

졸지에 나는 극성스러운 (사과) 엄마가 됐다.

그렇게 꽃이 만개하고 한참 지난 어느 날, 드디어 벌이 왔다. 처음에는 한두 마리가 오더니 떼로 몰려들기 시작했다. 이후 일주일가량 뒷마당에서 벌 떼의 군무가 펼쳐졌다. 익숙한 꿀벌, 이름 모를 작은 벌, 뚱뚱한데 털 달려 귀엽게 생긴 벌도 아침 일찍부터 왔다. 호박벌이었다. 호박벌은 때때로 발에 노란 꽃가루 주머니를 마치 근육처럼 차고서 꽃에 머리를 파묻고 엉덩이를 씰룩거렸다. 그 모습이 몹시 웃기고 귀여웠다. 진택과 나는 호박벌에게 뚱벌이라는 별칭을 붙여줬다. 뚱벌, 오늘도 왔구먼. 나는 더 이상 벌이 무섭지 않다.

인간의 눈으로 보는 만개한 꽃과 벌의 기준에서 찾아올 만한 만개는 다른 모양이었다. 인간계에서 40년째 살고 있는 나로서는 처음 겪는 식물계와 곤충계였다. 여전히 모르는 것투성이다. 그렇게 벌 떼의 향연이 일주일 동안 벌어진 후, 꽃이 지기 시작했다. 세찬 비바람에도 안 떨어지던 꽃이 자연스럽게 후드득 알아서 꽃잎을 떨어냈다. 지금은 낙화의 때구나. 낙

뒷마당의 사과꽃이 만개하면 동네 벌들이 죄다 몰려온다.

화가 더는 서글프지 않았다. 다음을 위한 시기를 보내고 있음을 이제는 안다.

사과꽃이 지니 잎이 무성해졌다. 그리고 진딧물의 급습이 시작됐다. 여린 잎일수록 진딧물이 다닥다닥 붙기 시작했다. 가능한 한 약은 치지 않을 생각이었다. 처음에는 징그러움을 무릅쓰고 핀셋으로 진딧물을 잡아냈지만 늘어나는 수를 감당할 수 없었다. 텃밭 키우기 관련 책에서 유기농에 대한 환상을 버리라고 했던 게 이런 이유였나.

사과나무에 진딧물이 급습한 것과 더불어 텃밭의 케일에도 이상한 조짐이 보이기 시작했다. 마트에서 파는 것처럼 크게 자라난 케일 잎에 하얀 점이 다닥다닥 박히는 게 아닌가. 벌레가 먹은 자국인가 했더니 점은 곧 하얀 길처럼 커졌다. 뒷면을 살펴보니 흰 애벌레가 잎 속에 박혀 있었다. 잎 속에서 자라나 잎을 뚫고 나오면 푸른색이 된다. 이걸 어떡하지? 내 케일, 내 먹을거리, 내 푸른 세상이 붕괴하는 기분이 들었다. 지금까지 마트에서 사 먹었던 온전한 케일은 뭐였지? 벌레 군단과 마주하니 케일을 비롯한 잎채소를 심은 게 후회됐다. 동네 어르신들이 고추랑 가지랑 호박만 심는 이유가 있었어. 골목 화분에 답이 있었어.

정원 생활자이자 가든 디자이너인 오경아 선생님은 "식물도 너무 간섭하면 싫어한다"라고 했다. 그의 속초 정원학교에서 진딧물이 새까맣게 껴 있는 고려엉겅퀴를 봤을 때다. 그는 약을 치지 않고 3년째 고려엉겅퀴를 키우고 있다고 했다. 원래 잎 전체에 진딧물이 새까맣게 붙어 있었는데 3년을 기다리니 어느 정도 저항력이 생겼단다.

"식물을 보살피지 않아서 죽이는 것보다 지나치게 보살펴서 죽이는 경우가 더 많아요. 최소한의, 생존에 필요한 여건만 갖춰주면 알아서 자라요. 그런 자생 능력을 키우지 못하게 사전 조치를 하는 게 문제예요. (대표적으로) 약 치는 게 그렇죠. 5월에는 식물도 왕성히 자라지만 해충도 급격히 늘어나요. 그런데 약을 쳐서 식물을 키우면 그 식물은 스스로 생존할 수 없어요. 게다가 벌레들이 전멸해 버리면 자연 생태계가 어떻게 될까요? 우리가 할 일은 자연 스스로 균형을 잡을 수 있도록 도와주는 거예요. 정원을 가꾸다 보면 공생의 삶을 배울 수 있습니다."

선생님의 가르침은 그러했지만, 나는 약을 치지 않고 5월 내내 벌레와 씨름을 벌이다 6월 6일 토요일 아침에 종로5가로 향했다. 농약을 사야 했다. 진택은 고향 친구의 결혼식에 참석하기 위해 지방에 내려간 참이었다. 혼자서라도 조치를 취해야 할 만큼 사안이 시급했다. 사과나무에 생긴 진딧물이 너무 심해졌기 때문이다.

종로5가 꽃시장 옆에 농약을 파는 종묘상이 있다. 이른 아침, 막 문을 연 종묘상 한 곳에 들어가서 "코니도(진딧물 및 진드기 살충용 농약) 있나요?"라고 묻는 나라니. 오래된 동네의 한옥에서 살기 전에는 종로5가 종묘상의 존재도 몰랐고, 여기 있는 나를 상상할 수도 없었다. 내가 토요일 아침 9시에 농약 쇼핑을 할 줄이야.

종묘상 주인은 나를 위아래로 쓱 훑어보더니 "저기에다 주소랑 이름 적으세요"라고 말했다. 저독성이라도 농약은 농약이니 살 때 인적 사항을 적어야 하나 보다. 신세계에 처음 입성한 나는 별 저항 없이 방명록처럼 생긴 공책에 시키는 대로 이름과 주소를 썼다. 하지만 나중에 다른 살충제를 사러 진택과 함께 종묘상에 갔을 때는 이름과 주소를 쓰라고 하지 않아 당황했다. 진택에게 나 홀로 농약 쇼핑 무용담을 한껏 늘어놓은 터였다. "농약은 말이야, 살 때 인적 사항까지 다 밝혀야 해." 그만큼 종묘상들이 엄격히 관리하더라며 신나게 떠들었는데, 어럽쇼?

진택은 한마디로 이 상황을 정리했다. "젊은 여자 혼자 토요일 아침 9시에 농약을 사러 갔으니 사연 많아 보였겠지." 그러니까 사과나무 진딧물은 핑계고 농약 마시고 생을 마감하고 싶은 여자로 보였던 걸까.

나 홀로 농약 쇼핑을 하던 날, 내친김에 영양제도 샀다. 영양제의 이름은 비너스. 심지어 농약 통 겉면에는 이두박근을 자랑하는 고추가 그려져 있다. 이름도 디자인도 참 직관적이구나. 감탄하는 사이 가게에는 이른 아침에 약을 사러 온 할머니 할아버지 방문객이 늘기 시작했다. 인터넷으로 미리 검색

해서 구체적인 제품명을 댔던 내 화법과 어르신들의 화법은 사뭇 달랐다.

"잎에 구멍 뻥뻥 뚫리게 하는 거, 그 약 줘."

"어어, 나도 그거 줘."

잎채소를 갉아 먹는 애벌레 살충제였다. 사과나무 진딧물 살충용 약은 샀지만 텃밭 채소만큼은 무농약으로 키울 작정이던 나는 날개 돋친 듯 팔리는 잎채소 농약을 보며 놀랐다.

"잎채소에 약을 쳐요?"

이렇게 묻는 날 보며 종묘상 사장님은 어이없다는 듯이 말했다.

"약 안 치면 사람이 먹을 게 없어. 벌레들이 줄거리만 남겨 놓고 다 먹는데 어떡할 거야."

이 말은 사실이었다. 얼마 지나지 않아 약을 안 친 나의 케일과 겨자는 정말 줄기만 남고 사라져 버렸다.

범인은 배추흰나비였다. "나비야, 나비야, 이리 날아오너라"라는 동요의 주인공인 줄만 알았던 흰나비가 텃밭 작물에게는 해충이었다. 농사꾼이 흰나비만 보면 무조건 잡으려 하는 이유를 이제야 알게 됐다. 나도 이제 팔랑팔랑 귀여운 날갯짓으로 다가오는 흰나비를 보면 벌보다 더 질색한다.

벌레와의 전쟁을 한바탕 치른 봄날의 딧밭 채소는 철이 시나 이제는 다 뽑아냈다. 그 자리에 호박 모종을 조금 더 심고, 종로5가 꽃시장의 할머니들이 '늦오이'라 부르는 노각(늙은 오이) 모종을 다시 심었다. 처음에는 분갈이조차 못하던 우리가 흙과 식물에 점점 익숙해져 갔다. 무엇보다 작은 생명체들의 힘을 알게 됐다. 자라나는 것의 힘은 세다. 약간의 보살핌에도 쑥쑥 자라난다. 계절을 느끼게 하고, 시간의 힘을 알게 해준다. 물과 햇빛과 바람만 있으면 작물들은 천천히 스스로 여물어 간다.

어느 날 퇴근길에 문득, 나는 괜찮다는 생각이 들었다. 매일 인간계에서 치이고 밟히는 삶을 살고 있지만, 집에서만큼은 자연계의 생명체들이 쑥쑥 자라나고 있다. 토마토 줄기와 잎에서는 토마토 향이 나고, 고춧잎에서는 고추 냄새가 난다. 겨우내 죽은 듯 삐쩍 말랐던 앵두나무 가지에 다시 새순이 돋아날 때 감탄하게 된다. 꽃이 피면 아름답고, 꽃이 지면 열매를 맺는다. 나는 이 생명의 순환을 보면서 기쁨과 용기를 얻곤 한다.

물론 내년 텃밭에는 잎채소를 심지 않고 동네 어르신들이 만든 골목 텃밭 화분 법칙을 따를 참이다. 벌레 부자가 되기 싫으니 고추, 토마토, 가지, 호박만 심어야겠다.

앵두가 빨갛게 익으면
동네 새들이 먹을 정도만 남겨놓고
앵두주를 담근다.

서촌
시골살이

서울 중심업무지구인 광화문 옆 서촌은 시골 동네다. 동네에 고층 빌딩이 없다. 아파트 단지도 없다. 이 동네에 유일하게 커다란 담장을 두른 건물은 경복궁이다. 오래된 동네가 그렇듯, 골목길 위주의 동네라 어딜 갈라치면 수많은 갈림길을 만난다. 길의 크기도 모양새도 제각각이다. 이 길 저 길 그날 기분에 따라 좌회전 우회전, 계속 변주해도 목적지로 갈 수 있다. 주야장천 질리지 않고 걸을 수 있는 환경이다. 집으로 오는 길도 다양하다.

무엇보다 건물이 하늘을 가리지 않아 좋다. 건물은 낮고, 하늘이 차지하는 부피가 크다. 이런 큰 하늘 아래 살다 보니 건물이 높아서 하늘이 잘 보이지 않는 동네에 가면 이내 가슴이 답답해진다. 경복궁 돌담에 맞춰진 옛 동네의 자그마한 체적體積에 어느새 적응한 모양이다. 옛날 그대로 구불구불한 길처럼 공간도 오래된 곳이 많다. 다소 촌스러울 수도 있지만, 나와 진택은 번쩍이는 새것보다 역사가 있는 오래된 것을 좋아하는 편이다.

어느 날 오른쪽 아래 어금니에 통증이 느껴져 치과에 가야 했다. 광화문에서 근무하는 친언니가 두 곳을 추천해 주었다. 새로 지어진 건물에 젊은 의사 선생님이 있는 치과와, 오래된 건물에 60대 선생님이 진료를 하는 치과. 내 선택은 후자였다. 믿을 만한 곳이라는 보충 설명을 듣고 바로 선택했다.

건물 지하 1층에 있는 치과는 딱 봐도 오래된 모습이었다. 소파에 손때가 많이 묻었고, 장비도 낡았고, 세월만큼 선생님도 연로하셨다. 광화문 일대의 세련된 인테리어를 한 다른 치과들과 비교되는, 딱 시골 치과의 모습이었다. 나는 이 치과에 다니고 나서 진택에게도 추천했다. 모쪼록 선생님이 오래오래 건강하게 치과를 운영하셨으면 좋겠다고 생각한다. 앞으로도 계속 이 병원에 다녀야겠다고 결심한 계기가 있다.

과거 치료받았던 어금니에 문제가 생겨 신경 치료를 받으러 갔을 때다. 그날도 예약한 시간에 맞춰 병원을 찾았다. 선생님은 혼자 진료를 보시기 때문에 치료 중 잠깐 대기 상태일 때 옆 환자를 보시곤 했는데 그날도 그런 날이었다. 옆에 계신 할머니의 치아 상태를 잠깐 살피시더니 대화가 길어졌다. 귀가 잘 안 들려 보청기를 낀 아흔 살 할머니의 흔들리는 치아가 문제였다. 뽑으면 끝날 일인데, 할머니는 무슨 까닭인지 치료를 계속 거부하셨다. 선생님의 설명이 시작됐다. 귀가 어두운 할머니를 위해 목소리를 조금 높이고, 문장은 짧게, 비유는 쉽게.

선생님　어르신 그동안 많이 아프셨을 텐데, 여기 (잇몸) 뼈가 다 으스러졌어요.

할머니　응? 지금은 안 아파.

선생님　네, 뼈가 잘게 부숴져서 없어졌어요. 그래서 통증은 없지만 이가 흔들거려요. 그동안 식사하시면서 많이 아프셨을 텐데. 식사할 때 이의 압력이 상당히 세요. 계속 아프셨을 텐데 그걸 참고 지내시다 보니 뼈가 없어지고, 이제 이만 덜렁거리게 된 거예요.

할머니　이 안 흔들거리는데.

선생님　네, 그건 제가 이따가 보여드릴게요. 그런데 안 아프다고 하시지만, 더 큰 문제가 있어요. 여기 염증이에요. 수년 된 염증이 여기 이렇게 있어요. 이 염증이 골치 아파요. 몸을 타고 다니면서 어르신 몸을 아프게 하거든요.

할머니　아이… 괜찮아.

선생님　어르신 몸이 이 염증이랑 싸우느라 많이 피곤해해요. 이 염증이 돌아다니다가 여기저기 붙어서 어르신 아프실 때 위독하게 만들 수가 있어요. 덜렁거리는 이는 없어도 돼요. 이가 없어도 씹는 데 불편하지 않으실 거예요.

요약하면 이런 상황이었다. 의사 선생님이 오랜 시간 설득했는데도 어르신 고집이 보통이 아니었다. 도통 이를 안 뽑겠단다. 옆에 서서 안절부절못하던 딸이 왜 아픈데도 이를 뽑지 않느냐며 답답해했다. 딸도 못 꺾는 고집을 의사 선생님이 어떻게 꺾으랴. 그런데도 선생님은 포기하시는 듯 포기하지 않으셨다.

선생님   어르신이 뽑기 싫다고 하시니 제가 어떻게 할 수 없지만, 그래도 제가 보기엔 뽑으시면 참 좋을 것 같은데요. 어르신이 안 뽑겠다고 하시는 이유를 제가 생각해 보면, 하나는 아플까 봐 걱정해서 그러실 수 있겠고, 둘째는 돈이 많이 들까 봐 그러실 수도 있겠어요. 그런데 제가 하나도 안 아프게 뽑을 수 있어요. 그리고 돈도 얼마 안 들어요. 어르신이 이것만 뽑으면 몸이 훨씬 가벼워질 수 있어요. 그동안 이 염증 때문에 몸도 무겁고 힘드셨을 거예요.

할머니   …

선생님   제가 보기엔 이 이만 쏙 뽑으면 참 좋겠는데. 어르신이 그렇게 싫다고 하시니 어쩔 수 없지만…. 그렇지만 다음에 아프시면 꼭 오셔야 해요. 제가 안 아프게 금방 뽑을 수 있으니까, 꼭 오셔야 해요.

기어이 이를 뽑지 않고 진료 의자에서 일어난 할머니는 해맑게 샐쭉 웃으셨다. 듬성듬성한 이가 보였다. 이 하나가 더 빠지는 게 그렇게 싫으셨을까. 할머니의 흔들리는 이 하나를 둘러싸고 이런 씨름이 오가는 동안에 환자인 나는 옆 의자에 쭉 누워 있고, 바깥 대기실 인원은 어느덧 둘이 됐다. 재촉하는 사람은 없었다. 모두가 천천히 기다린다. 시골 치과의 시간은 느릿하게 흘러가고, 이 치과를 찾은 이들은 이런 상황을 이해한다. 모두 같은 마음이지 않았을까. 언젠가 할머니가 되어 치과에 갈 때 천천히 나를 돌봐주며 차근차근 설명해 주는 의사 선생님이 계셨으면 하는 마음. 인테리어가 세련되지 않고 낡았어도 환자를 사람으로 보살펴 주는 이런 치과가 서촌 옆 광화문에 있다. 집 근처에 느릿한 시골 치과가 있어서 다행이다.

장보기도 마찬가지다. 서촌에 산다고 하면 장은 어디서 보냐고 묻는 이가 많다. 서울역에 있는 롯데마트나, 인근 아파트 지하에 하나로마트가 있지만 우리는 맘먹고 장을 볼 때는 전통시장에 간다. 걸으며 구경하는 재미가 있다. 싸고 싱싱하고, 냉장·냉동식품보다 계절을 알려주는 생물이 많다. 무엇보다 시장에는 사람이 있다. 매대에 상품만 진열되어 있는 마트와 달리, 시장에 가면 연륜 있는 상인들이 조리법을 바로 알려준다. 문어를 어떻게 얼마나 오래 데쳐야 하는지, 바지락을 얼마나 해감해야 하는지 물어보면 관련 정보가 술술 나온다. 초보 살림꾼에겐 이렇게 사람을 통해 얻는 정보가 쏠쏠하다. 제철 과일이 비싸면 왜 그런지도 금세 알 수 있다. 날씨와 수급 사정 등을 종합하면 지금은 때가 아니고 다음 주에 오면 더 싸게 살 수 있다는 걸 알게 된다.

물론 전통시장은 불편한 점도 많다. 길이 지저분하고 주차하기도 어렵다. 여름엔 덥고, 겨울엔 춥다. 그럼에도 전통시장에는 중독적인 인간미가 있다.

집에서 걸어서 갈 수 있는 가장 가까운 시장은 통인시장이지만, 관광객이 정말 많이 몰린다. 통인시장에서는 다양한 가게의 음식을 사서 한 접시에 담아 먹을 수 있는 '엽전 도시락'을 운영하는데, 시장 안에 있는 가게들이 이 도시락용 반찬을 더 많이 판다. 그래서 우리는 주말 새벽에 청량리 수산시장으로 간다. 해산물을 좋아해서 새벽시장을 찾는다. 엄마가 하사한 바퀴 달린 장바구니를 끌고 새벽 할인 요금이 적용된 버스를 타고 시장에 가면 이미 그곳에는 한낮과도 같은 풍경이 펼쳐져 있다. 할머니들이 비슷한 장바구니를 끌고 이미 장을 다본 뒤 버스를 기다리고 계시기도 한다. 청량리 수산시장은 아침 9시면 문을 닫는다. 우리가 장을 볼 때쯤이면 벌써 파장 분위기다. 어느 가을날 새우를 살까 하며 요리조리 보고 있는데 한 남자 사장님의 느긋한 목소리가 발목을 잡았다.

"국산 대하가 스물네 개에 만 원. 떨이예요, 떨이."

"코로나로 대하 축제가 취소돼서 지금 새우 값이 엄청 싸요."

떨이와 대하 축제 취소라는 2단 설득에도 묵묵히 서서 새우를 노려보기만 하는 나를 보며, 사장님은 새로운 해산물을 얼른 제시했다. 사실 뭘 봐야 할지 몰라 멍 때리고 있었는데 말이다. "꽃게도 싸. 꽃게 축제가 취소돼서. 1킬로그램에 2만 원인데 저쪽에서 더 싸게 파는 건 물게야 물게. 꽃게는 이렇게 여기 배를 만져보고 사는 거예요. 만져봐요."

이쯤 되면 안 살 수 없다. 나는 정보에 약한 타입. 더 둘러볼 줄 알았는데 금세 열리는 내 지갑을 보고 진택의 눈이 휘둥그레진다. 흥. 본인은 아까 다른 가게에서 "아유, 남자가 어쩜 이렇게 눈이 예뻐"라는 사장님 말에 넘어가 모시조개 한 봉지 샀으면서. 진택은 칭찬에 약한 타입이다.

새우, 조개, 낙지 같은 걸 사 오면 주말이 풍족하다. 새우는 오븐 그릴에 구워 먹고, 조개는 술찜이나 탕을, 낙지는 연포탕을 해 먹는다. 재료가 신선하니 아무리 요리 '똥손'이라도 셰프가 될 수 있다. 둘이 살지만, 과일도 넉넉히 사다 놓고 부지런히 먹는 편이다. 그래서 수산시장 맞은편에 있는 청과시장도 꼭 들른다. 차가 없으니 두 사람이 끌고, 들고, 나를 수 있는 정도만 산다. 다 먹고 다음 주에 또 오면 된다. 차를 몰고 대형 마트에 가서 장을 보면 한 번에 끝날 일이지만 아무래도 진택과 나는 시장에서 사람을 통해 물건을 사는 것을 더 좋아한다. 사람을 알고 믿고, 그가 추천하는 것을 사는 장보기를 계속 하고 싶다. 간편한 삶도 좋지만, 그 삶이 꼭 정답인 것은 아니다. 삶은 다채롭고 그 속도도 다양하다. 그런 면에서 나는 서촌 시골살이의 느린 속도가 꽤 마음에 든다. 이 오래된 공간과 사람을 통해 삶을 더 배워나가고 싶다.

남과 비교할 수
없는 집

집값이 난리다. 최근 집을 둘러싼 화두는 온통 가격뿐이었다.
집값이 천정부지로 치솟자 정부는 이를 잡겠다며 온갖 규제를
쏟아냈다. 하지만 아파트값은 잡히지 않고 대다수가 이 싸움
판의 선수가 되고 말았다. 승패는 너무 쉽게 갈렸다. 아파트를
산 사람은 승자가, 아파트를 사지 않은 사람은 패자가 됐다.
그리고 아파트를 산 사람, 즉 승자 중에서도 등급이 나뉘었다.
외곽에 홀로 위치한 아파트보다 역세권에 있는 아파트나 대단
지 아파트를 소유한 사람이 최종 승자가 되는 전투기가 뉴스
를 달궜다. 아파트를 소유하지 못한 20~30대가 불안감에 영
혼까지 끌어 모아 아파트를 사고, 스터디 모임을 결성해 아파

트 단지를 둘러보는 소위 '임장'을 하며 값이 더 오를지 여부를 점치는 것도 흔한 이야기가 됐다.

한옥을 사기 직전인 2017년 여름, 우리는 마포구 아현동에 위치한 마포 래미안 푸르지오 20평대 아파트를 살까 심각하게 고민했었다. 주택 찾기가 너무 고단해서 진지하게 포기할까 생각하던 때였다. 주택과 달리 아파트 시장은 익숙하고 쉬웠다. 어느 정도 예측 가능하고, 미래가 보장되는 삶이기도 했다. 가진 돈과 대출 가능한 금액, 직장과의 거리를 생각하면 그 아파트가 적당할 것 같았다. 그러다 무언가에 홀린 듯 폐가나 다름없던 우리 집을 덜컥 샀다. 3년 뒤인 2020년, 우리가 본 아현동 20평대 아파트는 그사이 가격이 두 배 올랐다. 하지만 한옥은 다르다. 아파트처럼 비교할 수 있는 시세 자체가 없다. 거래가 많지 않고, 일반화할 수 없는 집이다. 수요가 적으니 아파트처럼 눈에 띄게 값이 팍팍 오를 수 없다. 그렇다면 아파트를 택하지 않은 우리는 루저일까. 우리는 한옥을 짓고 정말 만족하며 살고 있지만, 이는 여전히 피할 수 없는 주제이기도 하다.

집을 지으면서 우리는 대화로 해장하는 법을 배웠다. 숙취처럼 남은 불편한 마음을 슬쩍 꺼내놓고 마구 이야기한다. 속에 담아두면 술병으로 이어지겠지만, 밖으로 꺼내놓으면 어느새 휘발된다. 집을 짓는 동안 많은 사건이 우리에게 쏟아져 내렸다. 노력해도 안 되는 일도 많았다. 우리가 잘못 선택한 것도 있다. 그럴 때는 사실을 이야기하고 인정하자. 그리고 날려 버리자. 우리가 바보였네, 낄낄. 어쩔 수 없지. 다음에는 이렇게 선택해야겠다. 그러고 나면 말은 날아가고 마음은 한결 가벼워진다. 어느 날 누가 먼저랄 것도 없이 이야기를 꺼냈다.

"만약 그때 그 아파트를 샀다면 어땠을까?"

"억대의 돈을 벌었겠지."

"결혼은?"

"결혼식장에서 다른 사람들처럼 벌써 했겠지."

"그러고 나서 한옥으로 왔을까?"

"더 큰 아파트, 더 좋은 동네의 단지로 옮기려고 계속 임장을 다녔겠지."

"아파트로 돈 벌어서 더 큰 한옥을 샀어도 괜찮지 않았을까?"

"아파트에서 여기로 넘어오는 건 결코 쉽지 않았을 거야."

"그 삶에 익숙해지면 그렇겠지?"

"설령 그런 마음이 생기더라도 아파트 옮겨 다니기가 끝날 무렵이면 50~60대가 되어 있겠지."

"그때가 되면 아파트가 아닌 다른 삶을 선택하기도, 실행에 옮기기도 힘들 거야."

"우리는 지금 우리 삶에 투자한 거니까."

우리는 우리의 삶에 투자했다. 집을 짓고 나서 땅값이, 집 값이 얼마나 올랐느냐고 묻는 사람이 많다. 사실 이 집을 얼마에 팔 수 있을지 나도 잘 모른다. 다만 30대에 집을 짓고 40대를 시작하는 순간부터 꿈꾸고 희망했던 '판타집'에서 살고 있어 만족스럽다. 더 젊은 나이에 집구석 은퇴 생활자를 경험할 수 있어서, 이 앞당긴 삶의 경험이 값지다. 나이가 많다고, 돈이 많다고 할 수 있는 일은 분명 아니었다. 앞으로 이 집에 살면서 경험할 우리의 삶을 값으로 매긴다면 얼마나 될까.

집을 한창 짓고 있을 때 현장에 종종 들르던 시공사 전무님은 늘 우리를 걱정했다. 우리 집이 경제성에 맞지 않는다는 이유에서다. 다 짓고 나면 숙박공유사업을 해보라고 추천했다. "좋은 집에서 제가 살아야죠. 왜 그런 걸 해요"라고 응수하면 돌아오는 답은 늘 똑같았다.

"그래야 돈을 벌 거 아니에요. 여기에 살기만 하면 경제성이…."

흐려지는 말꼬리가 바늘로 찌르는 것처럼 아프게 했다. 경제성이 마음을 후비고, 채 마무리하지 않은 말의 여운이 후회를 일으킨다. 우리는 경제성을 좇지 않는 바보들인가. 우리가 시무룩해하는 낌새를 보이면 전무님은 능숙하게 수습에 들어가곤 했다.

"그러니까 사장님, 사모님. 이 집에서 돈 많이 버시고 아무쪼록 꼭 성공하세요. 그래서 다음엔 빌딩을 지으셔. 빌딩 옥상에 정원 가꿔놓고 탁 내려다보면 얼마나 좋아. 다음에 빌딩도 나랑 멋지게 지어보자고."

그랬던 전무님이 조금씩 달라지기 시작한 것은 집의 윤곽이 잡히고 내부가 다듬어지면서부터다. 어느 날 갑자기 그의 입에서 "나도 이런 집에 살고 싶다"라는 말이 튀어나왔다. 내가 제대로 들었나 싶어 눈이 동그래졌다.

"나 때는 이런 멋진 집에 산다는 걸 생각도 못 했어. 그냥 돈 벌어서 아파트, 더 넓은 집 그런 거만 좋았지. 내가 살 집에 이렇게 공을 들인다는 걸 상상도 못 했으니까. 집이라는 건 일단 싸게 짓는 게 중요하잖아요. 아파트 봐봐. 다 싸게 짓지. 싸게 지어서 비싸게 팔아 남기는 게 더 중요하니까."

그는 집을 쓱 둘러보더니 다시 한번 말했다.

"아무튼 부럽습니다. 진짜 부러워. 두 분 아무쪼록 이 집에서 예쁘게 사세요."

그의 전향적인 발언을 들은 날, 우리는 기분 좋아 또 한잔했다. 한잔 또 한잔. 진택아, 은화야, 자기님아. 집을 찾고 짓기까지, 3년간의 삽질이 기어코 어떤 실체를 만들어 냈다! 사는 곳에 대한 셈법을 재발견하는 과정이기도 했다. 이 셈법을 위해선 다른 질문이 필요하다. 집이 얼마짜리냐고 묻지 말고, 이 집에서의 삶은 얼마짜리냐고 물어보자. 더 단순히 1박의 가격을 따져보면 된다. 우리는 집을 얼마에 팔 수 있는지 여전히 모르지만, 우리 집이 1박에 얼마짜리인지 종종 계산하며 흐뭇해하곤 한다.

"서촌 일대 한옥 게스트하우스를 독채로 빌리면 하루 숙박

비가 최소 25만 원에서 40만 원을 훌쩍 넘잖아, 좀 좋게 꾸며 놓은 경우에. 게다가 우리 집은 이 동네에서 볼 수 없는 지하가 있는 벙커 한옥이잖아. 장기 투숙을 적용해 할인하면 1박에 30만 원, 한 달에 900만 원!"

"뭐야, 1박에 40만 원은 받아야지. 한 달에 1,200만 원!"

이런 셈법대로라면 우리는 참 비싼 집에서 살고 있다. 이후 우리는 집값이 얼마나 올랐는지, 얼마에 팔 수 있는지 누군가 물으면 1박의 가격으로 답하곤 한다. 우리의 하루가 담긴 공간의 가격은 40만 원이오!

무엇보다 좋은 것은 비교할 대상이 없다는 점이다. 우리 집은 아파트처럼 단순히 값으로 비교할 수 없기에 비교하지 않는다. 비교할 수 없는 삶의 좋은 점은 쉽게 불안해지지 않는다는 거다. 남과 비교해서 모자란 점이 보이면 불안해지는데, 이건 뭐 바탕 자체가 완전히 다르다. 비교할 수 없으니 불안하지 않다. 우리가 써 내려가고 있는 것은 우리 집과 우리가 살아가는 이야기다. 우리의 삶에 좀 더 집중하게 됐다.

공간이 가진 힘이기도 하다. 공간은 삶을 바꿀 수 있다. 건축가 구마 겐고는『작은 건축』이라는 책에서 지금까지 인류가 만들어 온 강하고 합리적이고 큰 건물에 대한 조금은 다른 시각을 담담히 써 내려간다. 인류가 추구해 온, 강하고 거대한 건축은 지진이나 해일, 화재와 같은 대형 재난 앞에서 맥없이 무너졌다. 그렇다면 작은 건축, 자립할 수 있는 건축, 인간이 손쉽게 복원할 수 있는 건축이란 무엇일까. 구마 겐고는 이를 고민하고 실행에 옮긴다. 작은 건축이 가능한 자재부터 탐구한다. 그중 하나가 '물 벽돌water block'이다.

쉽게 말해 레고 쌓기를 생각하면 된다. 손쉽게 쌓을 수 있도록 흙이 아닌 플라스틱으로, 페트병을 만들 때 쓰는 폴리에틸렌으로 벽돌을 만든다. 올록볼록 결합 부위를 레고처럼 만들어 조립하듯 쌓을 수 있다. 그리고 속에 물을 주입한다. 따뜻한 물을 넣으면 난방이 되는 구조다. 그는 자신이 가르치는 학생들에게 현장에 직접 나가 물 벽돌을 이용해 낡은 민가를 바꿔나가도록 한다. 그렇게 하는 이유를 다음과 같이 설명했다.

"공간은 사회나 부모가 주는 것이 아니라 자신의 손과 발을 사용해 만들어 내는 것이다. 사람은 세상과 싸워야 자신의 공간을 얻을 수 있다."(『작은 건축』, 62쪽)

이 말이 오랫동안 내 머릿속에 머물렀다. 지금 우리는 우리의 공간을 위해 어떤 투쟁을 하고 있는가. 혹은 우리의 기호에 맞는 공간을 만들기 위해 어떤 노력을 하고 있을까. 집에 머무는 시간이 길어진 코로나 시대에 어느 때보다 필요한 화두다. 당신의 집은 안녕한가. 아파트로 가득한 도시는 안녕한가. 만족스럽지 못한 공간만 생산하는 도시에 살고 있다면 싸우자. 자신만의 공간을 위해 목소리를 내자. 그동안 우리의 주거 환경은 너무 방치됐다. 더 다양한 집과 쾌적한 도시 환경이 만들어질 수 있도록 제대로 싸워야 할 때다. 투쟁!

세 가지가
없는 집

우리 집은 이른바 '3비非'의 요건을 갖췄다. 비효율적이고, 비경제적이고, 비주류다. 효율적이고 경제적이고 주류여야 하는데 안타깝게도 그렇지 못하다. 그러나 우리는 만족스럽다. 우리는 효율성을 극도로 추구하는 시대에, 효율성이 가장 뛰어난 30대 일꾼으로 회사에서 일하며 비효율적이고 비경제적이며 비주류적인 집을 짓는 데 몰두했다. 그 결과는? 우리의 삶은 넓어졌다고 자평한다. 효율은 때론 또 다른 가능성을 차단해 버린다. 좁은 삶을 살게 한다.

주변을 돌아보면 좋아하는 것을 잃어버린 채로 사는 어른이 참 많다. 좋아하는 것을 그저 좋아하면 되는데 그마저도 효율을 따지다 보니 그렇게 된다. 좋아하는 것이 잘하는 것이 돼야 하고, 남과 비교해 더 잘해야 하고, 궁극적으로는 돈이 되어야 한다. 결국 더는 할 수 없게 된다. 좋아하는 것을 할 시간에 효율적이고 경제적인 것을 하는 게 유용하다. 좋아하는 것을 어제보다 조금 더 잘하게 됐다는 만족감은 성과가 될 수 없다. 이렇게 효율성만 따지다 보면 어느새 아무것도 안 하는, 아무것도 못 하는 사람이 되어버린다. 내가 무엇을 좋아하는지, 무엇을 잘하는지 알 수 없게 된다.

우리는 '3비'의 집을 총력을 다해 지으면서 관심사를 넓힐 수 있었다. 아름다운 공예품이 좋아서 팬데믹 상황이 나아지면 전국 공예 기행을 다닐 참이다. 도예도, 자수도, 제빵도 배우고 싶다. 먹고 입고 사는 모든 것이 우리의 깊숙한 관심사가 됐다. 그러니 효율적이고 경제적이고 주류에 속하지 않아도 괜찮다. 그 틀을 벗어나면 타인의 시선에 내 삶을 정박시키지 않고 좀 더 넓게, 주체적으로 살아갈 수 있다. 그러니 좋아하는 것에서까지 효율성을 따지지 말자.

우리는 집을 지으면서 더욱 단단해졌고 서로 끈끈해졌다. 집을 짓는 동안 함께하면 무엇이든 할 수 있다는 것을 경험했다. 사람人이라는 글자가 만들어진 과정을 경험으로 깨달았다. 우리는 손을 맞잡고 힘차게 싸웠고, 서로 기대어 쉬며 집을 완성해 나갔다. 이 경험은 남이 아닌 우리 자신의 삶을 살아가게 하는 든든한 토대가 될 것임을 안다. 결혼도, 결혼식도 하지 않은 채 함께 살고 있지만, 타인의 시선이 불편하지 않다. 식은 별로 중요하지 않다는 것이 우리의 생각이다. 결혼식을 하든 안 하든 우리는 함께 잘 살아갈 것이다. 다른 사람들이 만들어 놓은 룰에 마냥 따르는 것이 아니라, 우리가 룰을 만들어 가는 삶을 살 수 있어 다행이다.

우리는 무엇보다 한옥살이를 예찬하거나, 불편한 것을 낭만적으로 치장할 생각이 없다. 아파트와 한옥(단독주택)을 이분법적으로 나눠 옳고 그름을 이야기하고 싶지 않다. 돈으로만 삶터를 계산하고 정의하는 세태를 비난하고 싶지도 않다. 돈은 필요하다. 부정해선 안 된다. 그리고 집을 소유하려면 큰돈이 든다. 집 짓는 일도 마찬가지다. 낭만만으로 할 수 없다. 돈으로 꽉 얽힌 이 시장에서는 낭만보다 계산기가 더 필요할 때가 많다. 특히 우리나라는 반세기 넘게 아파트 중심의 도시를 만들어 왔다. 비슷한 공간에서 삶터를 비교하고 돈으로 계산하는 일은 손쉽다. 아파트 단지 안에는 반세기 동안 다져진, 안정된 삶이 있다. 집 외부 공간을 관리하거나 택배를 받는 일에 신경 쓰지 않아도 된다. 단지 안의 편리함을 벗어나 살기란 쉽지 않다.

다만 이대로 가다가는 아파트가 아닌 다른 집에서 살고 싶어도, 살지 못하는 세상이 올까 봐 우려스럽다. 다양하지 못한, 돈으로 쉽게 비교할 수 있는 아파트로 가득찬 세상이 오지 않았으면 하는 바람이다. 오로지 아파트값만으로 승자와 패자를 가르지 않았으면 한다. 각자의 삶을 중심에 놓고 고를 수 있는 집의 선택지가 더 다양해진다면, 그로 인해 가치와 기준을 논할 수 있는 새로운 셈법들이 등장한다면, 그런 세상에서는 더 많은 사람이 승자가 될 수 있지 않을까. 또 한편으로는 서로를 이기지 않아도 되니 굳이 승부를 낼 필요도 없을 것이다. 우리는 경제성에 있어서는 패자일지 몰라도, 삶에서만큼은 승자라고 자부한다. 취향을 담은 집이 주는 기쁨과 안정감은 크다.

코로나 시대를 맞아 집에 머무는 시간이 길어지면서 취향에 맞는 집은 더욱 빛을 발했다. 지하의 서재는 지상 한옥과 분리된 근무 공간이 됐고, 볕 좋은 날에는 마당에 간이 테이블을 펼쳐놓고 일했다. 특히 집중해야 할 때는 다락에 머문다. 마치 자식 자랑하는 팔불출이 되는 것 같아 집이 예쁘다는 이야길 잘 꺼내지 않지만, 한 지인이 "미운 사람과 살아도 사랑이 샘솟을 것 같은 집", "좋은 사람이랑 살면 매일매일이 신혼이자, 여행 온 기분일 것 같은 집"이라고 말해 으쓱해지기도 했다. 작은 한옥이지만, 옛 스타일의 나무집이지만, 21세기에 이런 집을 짓다니 싶겠지만, 나는 우리 집이 좋다. 까다롭긴 해도 예쁘다. 집에 들어서면 공기가, 향기가 다르다. 은은히 나는 나무 향기를 맡으며 '아, 집에 왔어' 하고 안도하게 된다. 바깥에서 내가 얼마나 찌든 환경에 있었는지 바로 알게 된다. 이렇게 우리는 우리만의 새집증후군에 빠져 살고 있다.

먹을거리에 대한 생각도 달라졌다. 텃밭과 마당이 있는 삶이 가져다준 변화다. 케일을 사랑하는 배추흰나비와 그의 알과 애벌레에 식겁해 지난해에는 김장용 배추를 심지 않았다. 동네의 부지런한 어르신들은 봄여름 작물을 거둔 자리에 배추와 무를 심어놓으셨다. 쑥쑥 자라나 어엿한 포기가 되어 묶여 있는 배추를 보면서 내년에는 우리도 배추를 심어 겉절이라도 해 먹자고 다짐했다. 가을이면 진택의 고향 집에서 보내온 단감을 꿰어 처마에 걸어 곶감을 만들 참이다. 예전에 순천의 송광사 불일암에 갔다가 만난 스님이 장독에서 꺼내준 홍시는 손 시리도록 차갑고 향이 유독 진했다. 온 세상이 하얗고 고요한 겨울날, 바깥 툇마루에 앉아 소복이 쌓이는 눈을 보며 홍시를 먹었던 터라 그 오감이 여전히 생생하다. 올해 겨울에도 눈이 오면 차가운 홍시를 꺼내 마당 툇마루에 앉아 그렇게 먹어보고 싶다. 한입 베어 물면 따뜻한 집 안으로 도망치고 싶어질 테지만, 공간의 추억이 담긴 먹을거리다. 내 손으로 심고 수확하고 만든 먹을거리가 주는 보람도 크다.

오래된 동네에 한옥 짓기라는 고난의 행군을 하는 동안 우리에게 힘이 되어준 다큐멘터리 영화가 있다. 일본의 건축가 쓰바타 슈이치와 그의 아내 쓰바타 히데코의 이야기를 담은 〈인생 후르츠〉다. 슈이치는 나고야 인근의 고조지高藏寺 뉴타운을 설계한 건축가다. 도쿄대학교 건축학과를 졸업해 일본주택공단(우리의 한국주택토지공사)에 입사한 그가 서른여섯 살에

눈이 오면 고요함은 잠깐. 골목에서 비질 소리가 들린다.
이웃이 이웃을 위해 눈이 얼기 전 부지런히 길을 내는 소리다.
우리도 동참했다 들어와서 따뜻한 차를 한잔 마신다.
그런 날이 겨울이다.

완성한 뉴타운계획안은 경제성에 밀려 채택되지 못했다. 산등성이 지형과 숲, 바람 길을 그대로 살리는 그의 계획안을 채택하는 대신, 땅을 모조리 밀고 짓는 쪽으로 결론이 났다. 주변 환경을 살리는 일은 싹 밀어버리는 것보다 경제성이 떨어진다. 결국 천편일률적인 아파트 단지가 들어섰다.

하지만 쓰바타는 멈추지 않고 실천한다. 아파트 단지 인근에 992제곱미터(300평) 규모의 땅을 사서 50제곱미터(15평)의 집을 짓는다. 나머지 땅에는 숲을 만들었다. 과일나무와 채소 120종을 심고 텃밭을 만들어 가꿨다.

부부는 스스로 숲을 복구하고 텃밭을 가꾸며 40년 동안 작은 집에서 살았다. 차 소리가 시끄러운 도시에 위치해 있지만, 노부부의 집에는 새소리가 가득했다. 땅을 아끼고, 수확한 채소와 과일을 맛있게 먹고 요리하며, 늘 감사하는 마음으로 산다. 그런 노부부의 삶이 무척 안정적이었다. 유머도 넘쳤다. 새들이 와서 물을 먹으라고 옹기 쉼터를 만들어 주는 여유도 있었다. 정성껏 찧어 만든 떡에 인두로 불 인장을 콕 찍어 선물하는 만족감도 컸다. 부족한 채소와 생선은 40년 된 단골 가게에서 산다고 했다. 노부부에게 가게에서 무언가를 산다는 것은 그곳을 신뢰한다는 의미였다. 시간이 걸리더라도 차근차근 천천히 스스로 하는 삶이 만든 생태계였다. 이런 삶을 우리도 살아갈 수 있다면.

"역시 집이 좋아. 이런 안도감이 일상 속에 굳건하게 뿌리

내리는 게 무엇보다 중요하다"라고 말하던 노부부는 여전히 우리의 멘토다. 우리도 이 한옥에서 우리만의 생태계를 가꿔볼 참이다. 오래 걸리더라도 차근차근 천천히. 남과 비교하지 않고 뚝심 있게 우리만의 속도로 살아보련다.